D1693914

StudyHelp

Grundlagen für Azubis
inkl. Lernvideos, Aufgaben und Lösungen

StudyHelp GmbH, Paderborn
WWW.STUDYHELP.DE

1. Auflage

Redaktion & Satz: Carlo Oberkönig
Kontakt: verlag@studyhelp.de
Umschlaggestaltung, Illustration: StudyHelp GmbH

ISBN 978-3-947-**50630**-9

Inhalt

1 Wichtige Begriffe

In dieser Übersicht findest du mathematische und physikalische Begriffe, mit denen du in diesem Lernheft arbeiten wirst.

Begriffe	Erklärung	Beispiele
	Größen und Einheiten	
Physikalische Größen	• objektiv messbare Eigenschaften von Zuständen und Vorgängen • Produkt eines Zahlenwerts mit einer Einheit	Bei der Länge l = 25 cm ist 25 der Zahlenwert und cm (Zentimeter) die Einheit.
Basisgröße/-einheit	• Unterscheidung zwischen Basisgröße und Basiseinheit • sind im internationalen Einheitensystem SI (Systeme International) festgelegt	**Basisgröße mit Formelzeichen**: Länge l, Masse m **Basiseinheit mit Zeichen**: Meter m, Kilogramm kg
Abgeleitete Größe und Einheiten	• setzen sich aus Basisgrößen und deren Einheiten zusammen	Kraft = Masse · Beschleunigung $1\text{N} = 1\text{kg} \cdot \frac{\text{m}}{\text{s}^2} = 1\frac{\text{kg} \cdot \text{m}}{\text{s}^2}$
Umrechnung von Einheiten	• Einheiten können in kleinere oder größere Einheiten oder andere Maßsysteme umgerechnet werden	$1\text{kg} = 1\text{kg} \cdot \frac{1000\text{g}}{1\text{kg}} = 1000\text{g}$ $1\text{l} = 1\text{dm}^3 = 10\text{dl} = 0{,}01\text{m}^3$
	Gleichungen und Formeln	
Gleichungen	• beschreiben Abhängigkeit mathematischer oder physikalischer Größen	$20 + 8 = 100 - 72$ $x + 16 = 24$
Formeln	• Technische oder physikalische Gleichungen mit Formelzeichen	s(Weg) = v(Geschwind.) · t(Zeit)

Begriffe	**Erklärung**	**Beispiele**
Formel-zeichen	• bestehen aus *kursiv* gedruckten Buchstaben und kennzeichnen Größen - dabei ersetzen sie Wörter und dienen zum Rechnen mit Formeln	z.B. m für Masse oder F für Kraft
	Zahlenwerte	
Konstanten	• gleichbleibende Zahlenwerte	z.B. π = 3,141592... (Kreiszahl)
Koeffizienten	• Größen, die den Einfluss einer Stoffeigenschaft auf physikalischen Vorgang kennzeichnen	z.B. α = 0,000012 [1/K] (Längen-ausdehnung für Stahl)
Runden	• DIN 1333 gilt: Ziffer = 5 oder > 5, dann wird aufge-rundet / < 5, dann wird abgerundet	z.B. 21,5N $\approx$ 26N

2 Terme und Gleichungen

2.1 Grundlagen

Wir unterscheiden grundsätzlich die vier folgenden Grundrechenarten mit ihren jeweiligen Komponenten. Macht euch mit den Begrifflichkeiten vertraut, da diese im weiteren Verlauf immer wieder auftauchen und erwähnt werden.

Grundrechen-arten

Grundrechenart	Komponenten
Addition „+“	$\underbrace{2}_{\text{Summand}} + \underbrace{4}_{\text{Summand}} = \underbrace{6}_{\text{Summe}}$
Subtraktion „−“	$\underbrace{7}_{\text{Minuend}} - \underbrace{3}_{\text{Subtrahend}} = \underbrace{4}_{\text{Differenz}}$
Multiplikation „·“	$\underbrace{2}_{\text{Faktor}} \cdot \underbrace{3}_{\text{Faktor}} = \underbrace{6}_{\text{Produkt}}$
Division „:“ oder „÷“	$\underbrace{4}_{\text{Dividend}} : \underbrace{2}_{\text{Divisor}} = \underbrace{2}_{\text{Quotient}}$

Nachfolgend findet ihr eine Übersicht über die wichtigsten und euch bekannten Zahlenmengen.

Zahlenmengen

- Natürliche Zahlen[1]

  $\mathbb{N} = \{0, 1, 2, 3, 4, 5, \ldots\}$ $\rightarrow$ Natürliche Zahlen sind ganze, positive Zahlen

- Ganze Zahlen

  $\mathbb{Z} = \{\ldots, -2, -1, 0, 1, 2, \ldots\}$ $\rightarrow$ Ganze Zahlen sind sowohl ganze positive als auch ganze negative Zahlen mit der Null

- Rationale Zahlen

  $\mathbb{Q} = \{\ldots, -1, \ldots, -\frac{1}{2}, \ldots, -\frac{1}{3}, \ldots, 0, \ldots, \frac{1}{3}, \ldots, \frac{1}{2}, \ldots, 1, \ldots\}$ $\rightarrow$ Rationale Zahlen sind Zahlen, die sich als Bruch darstellen lassen; ganze Zahlen lassen sich auch als Bruch darstellen

- Reelle Zahlen

  $\mathbb{R} = \{\ldots, \pi, \ldots, \sqrt{2}, \ldots\}$ $\rightarrow$ Reelle Zahlen sind alle Zahlen

[1] Es kann auch sein, dass die 0 nicht enthalten ist. Das ist nicht einheitlich. Fragt euren Lehrer!

2.2 Rechengesetze

Grundsätzlich gilt immer **Punkt- vor Strichrechnung** und **Potenzieren vor Punktrechnung**. Außerdem werden Ausdrücke in Klammern immer zuerst berechnet.

Rechengesetze

Des Weiteren gelten die folgenden Rechengesetze:

Kommutativgesetz (Vertauschungsgesetz; gilt nur für die Addition und die Multiplikation, nicht für die Subtraktion und Division)

Allgemein:	Beispiel:
$a + b = b + a$	$7 + 2 = 2 + 7$
$a \cdot b = b \cdot a$	$2 \cdot 7 = 7 \cdot 2$

Assoziativgesetz (Vereinigungsgesetz; gilt ebenfalls nur für die Addition und die Multiplikation, nicht für die Subtraktion und Division)

Allgemein:	Beispiel:
$(a + b) + c = a + (b + c)$	$(7 + 2) + 3 = 7 + (2 + 3)$
$(a \cdot b) \cdot c = a \cdot (b \cdot c)$	$(7 \cdot 2) \cdot 3 = 7 \cdot (2 \cdot 3)$

Distributivgesetz (Verteilungsgesetz)

Allgemein:	Beispiel:
$(a + b) \cdot c = a \cdot c + b \cdot c$	$(2 + 3) \cdot 7 = 2 \cdot 7 + 3 \cdot 7$

2.3 Bruchrechnung

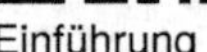
Einführung

Der Nenner (unten) gibt an, in wie viele gleich große Teile ein Ganzes zerlegt wird. Der Zähler (oben) gibt an, wie viele Teile davon genommen werden.

Beispiel: $\frac{3}{4} \left[\frac{\text{Zähler}}{\text{Nenner}}\right]$

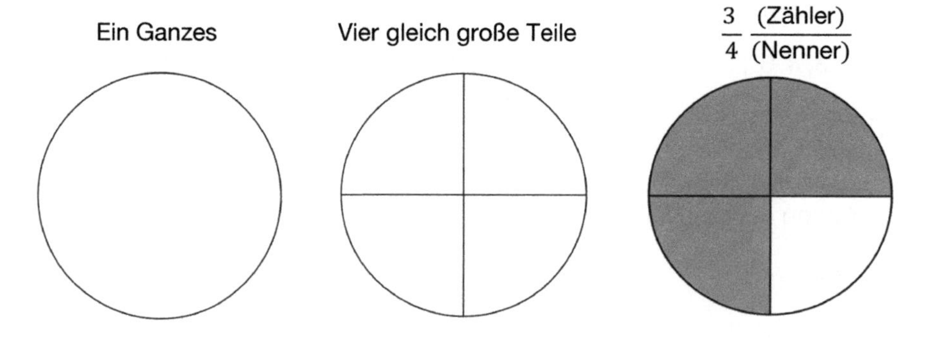

Addieren, erweitern und kürzen

Beim Rechnen mit Brüchen gelten die folgenden Regeln:

- <u>Erweitern</u>: Ein Bruch wird erweitert, indem man sowohl den Zähler (oben) als auch den Nenner (unten) mit der gleichen Zahl multipliziert. Die Zahl über dem Pfeil gibt an, dass der Bruch mit 2 erweitert wird:

$$\frac{3}{7} \xrightarrow{2} \frac{3 \cdot 2}{7 \cdot 2} = \frac{6}{14}$$

- <u>Kürzen</u>: Ein Bruch wird gekürzt, indem man sowohl den Zähler (oben) als auch den Nenner (unten) durch die gleiche Zahl teilt. Die Zahl unter dem Pfeil gibt an, dass der Bruch mit 9 gekürzt wird:

$$\frac{9}{27} \xrightarrow[9]{} \frac{9 \div 9}{27 \div 9} = \frac{1}{3}$$

Unechter Bruch

- <u>Gemischte Zahl</u> $\leftrightarrow$ <u>Unechter Bruch</u>: Eine gemischte Zahl (Ganze Zahl und Bruch z.B. $2\frac{1}{4}$) kann man nach dem folgenden Schema in einen unechten Bruch (Zähler > Nenner) umwandeln:

$$2\frac{1}{4} = \frac{2 \cdot 4 + 1}{4} = \frac{9}{4}$$

- <u>Addition</u>: Zwei Brüche werden addiert, indem man den Nenner (unten) gleichnamig macht und anschließend die beiden Zähler (oben) addiert. Das kgV von 7 und 5 ist 35.

$$\frac{3}{7} + \frac{4}{5} = \frac{3 \cdot 5}{7 \cdot 5} + \frac{4 \cdot 7}{5 \cdot 7} = \frac{15}{35} + \frac{28}{35} = \frac{15 + 28}{35} = \frac{43}{35}$$

- <u>Subtraktion</u>: Zwei Brüche werden subtrahiert, indem man den Nenner (unten) gleichnamig macht und anschließend die beiden Zähler (oben) voneinander subtrahiert:

$$\frac{4}{5} - \frac{3}{7} = \frac{28}{35} - \frac{15}{35} = \frac{28 - 15}{35} = \frac{13}{35}$$

Multiplikation und Division

- <u>Multiplikation</u>: Zwei Brüche werden multipliziert, indem man den Zähler mit dem Zähler und den Nenner mit dem Nenner multipliziert:

$$\frac{1}{2} \cdot \frac{3}{4} = \frac{1 \cdot 3}{2 \cdot 4} = \frac{3}{8}$$

  Man sollte, falls möglich, die Brüche vor der Multiplikation *über Kreuz* kürzen:

$$\frac{3}{7} \cdot \frac{14}{27} = \frac{\cancel{3}\,1 \cdot \cancel{14}\,2}{\cancel{7}\,1 \cdot \cancel{27}\,9} = \frac{1 \cdot 2}{1 \cdot 9} = \frac{2}{9}$$

- <u>Division</u>: Zwei Brüche werden dividiert, indem man bei dem Bruch, durch den geteilt wird, den Zähler und den Nenner vertauscht (Kehrwert bildet) und danach die beiden Brüche miteinander multipliziert:

$$\frac{3}{7} \div \frac{27}{14} = \frac{3}{7} \cdot \frac{14}{27} = \frac{\cancel{3}\,1 \cdot \cancel{14}\,2}{\cancel{7}\,1 \cdot \cancel{27}\,9} = \frac{1 \cdot 2}{1 \cdot 9} = \frac{2}{9}$$

Hinweis: Bitte das Ergebnis bei allen vier Grundrechenarten immer vollständig kürzen!

2.4 Terme

Was ist ein Term?

Was ist ein Term? Ein Term kann eine Summe, eine Differenz, ein Produkt oder ein Quotient sein, z.B. $x + 7$ oder $2x - 4$. Terme dürfen nach bestimmten Regeln vereinfacht und zusammengefasst werden.

Wir gucken uns den folgenden Term an: $2x + 4 + 3x - 2 + 5y$.

Grundsätzlich dürfen gleichartige Glieder zusammengefasst werden. Damit ihr die gleichartigen Glieder erkennt, wollen wir den Term ordnen und schreiben:

$$2x + 3x + 4 - 2 + 5y$$

Wir fassen zusammen und erhalten: $5x + 2 + 5y$.

Ausmultiplizieren

Term ausmultiplizieren

Eine Summe wird mit einem Faktor multipliziert, indem man jeden einzelnen Summanden innerhalb der Klammer mit dem Faktor außerhalb der Klammer multipliziert, z.B.:

$$4 \cdot (2a + 3b) = 4 \cdot 2a + 4 \cdot 3b = 8a + 12b$$

Es spielt dabei keine Rolle, ob der Faktor links oder rechts von der Klammer steht: $4 \cdot (2a + 3b) = (2a + 3b) \cdot 4$.

Zwei Summen (oder Differenzen) werden miteinander multipliziert, indem man den ersten Summanden der ersten Klammer mit dem ersten Summanden der zweiten Klammer multipliziert. Anschließend wird der erste Summand der ersten Klammer mit dem zweiten Summanden der zweiten Klammer multipliziert. Danach wird der zweite Summand der ersten Klammer mit dem ersten Summanden der zweiten Klammer multipliziert. Zum Schluss wird der zweite Summand der ersten Klammer mit dem zweiten Summanden der zweiten Klammer multipliziert, z.B.:

$$(4a + 2) \cdot (2a + b) = 4a \cdot 2a + 4a \cdot b + 2 \cdot 2a + 2 \cdot b = 8a^2 + 4ab + 4a + 2b$$

Zwei Summen (oder Differenzen) und ein weiterer Faktor werden miteinander multipliziert, indem man zuerst die beiden Summen (oder Differenzen) miteinander multipliziert und anschließend den gesamten Term mit dem Faktor multipliziert, z.B.:

$$2 \cdot (a + 2) \cdot (a + 4) = 2 \cdot (a^2 + 6a + 8) = 2 \cdot a^2 + 2 \cdot 6a + 2 \cdot 8 = 2a^2 + 12a + 16$$

Faktorisieren

Faktorisieren

Beim Faktorisieren (Ausklammern) wird ein Term, welcher eine Summe bzw. eine Differenz ist, in ein Produkt umgewandelt.

Wir gucken uns den folgenden Term an: $x + 2ax$.

Sowohl im ersten als auch im zweiten Summanden steckt als gemeinsamer Teil ein x. Dieses gemeinsame x wird vor die Klammer gezogen und in der Klammer verbleiben die beiden Summanden, reduziert um ein x: $x \cdot (1 + 2a)$.

Zur Kontrolle multiplizieren wir den Term nochmal aus:

$$x \cdot (1 + 2a) = x \cdot 1 + x \cdot 2a = x + 2ax$$

2.5 Gleichungen lösen

2.5.1 Lineare Gleichungen

Lineare Gleichungen werden immer nach dem gleichen Schema gelöst. Das Ziel ist die Isolation der Variablen x auf einer der beiden Seiten der Gleichung. Zu diesem Zweck wollen wir uns verschiedene Gleichungen angucken und diese lösen:

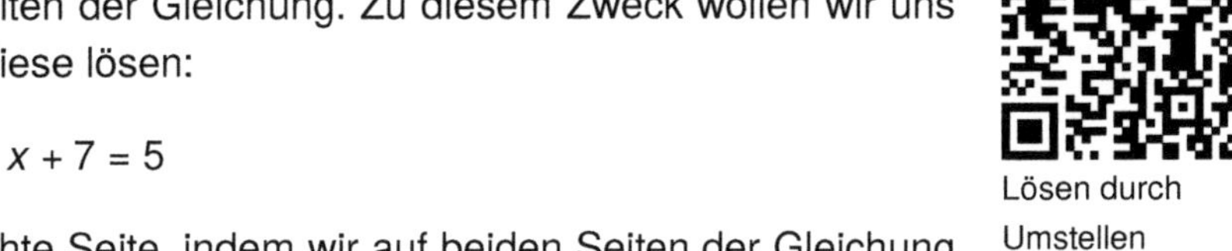

Lösen durch Umstellen

$$x + 7 = 5$$

Wir bringen die 7 von der linken auf die rechte Seite, indem wir auf beiden Seiten der Gleichung 7 subtrahieren:

$$\begin{aligned} x + 7 &= 5 \qquad | -7 \\ \Leftrightarrow \quad x + 7 - 7 &= 5 - 7 \end{aligned}$$

Nachdem wir alles zusammengefasst haben, erhalten wir: $x = -2$.

Weiteres Beispiel:

$$2x + 3 = 5x - 12$$

Wir müssen uns überlegen, auf welcher Seite der Gleichung wir unsere x und auf welcher Seite wir unsere Zahlen sammeln wollen. Es spielt grundsätzlich keine Rolle, ob das x am Ende auf der linken oder auf der rechten Seite der Gleichung steht. Wir entscheiden uns dafür, dass wir die x auf der linken Seite sammeln und bringen jetzt die $5x$ mit $-5x$ auf die linke Seite der Gleichung:

$$\begin{aligned} 2x + 3 &= 5x - 12 \qquad | -5x \\ \Leftrightarrow \quad 2x + 3 - 5x &= 5x - 12 - 5x \end{aligned}$$

Wir fassen zusammen und erhalten: $-3x + 3 = -12$.

Als nächstes bringen wir die 3 mit -3 auf die rechte Seite der Gleichung:

$$\begin{aligned} -3x + 3 &= -12 \qquad | -3 \\ \Leftrightarrow \quad -3x + 3 - 3 &= -12 - 3 \end{aligned}$$

Wir fassen zusammen und erhalten: $-3x = -15$.

Zum Schluss wollen wir noch die -3 vor unserem x beseitigen. Wir teilen also auf beiden Seiten der Gleichung durch -3:

$$\begin{aligned} -3x &= -15 \quad | \div (-3) \\ \Leftrightarrow \quad x &= 5 \end{aligned}$$

Weiteres Beispiel:

Selbstverständlich kann es auch vorkommen, dass unsere Gleichung zu Beginn Klammern enthält, welche wir vorher auflösen müssen:

$$2x - (3x + 5) = 2 \cdot (x + 3)$$

Ein Minus vor der Klammer bewirkt, dass sich die Vorzeichen in der Klammer umkehren und die Klammer anschließend verschwindet. Auf der rechten Seite unserer Gleichung wird die Klammer ausmultipliziert. Insgesamt erhalten wir also:

$$2x - 3x - 5 = 2x + 6$$

Wir fassen zusammen und erhalten: $-x - 5 = 2x + 6$.

Merkt euch: $-x = -1 \cdot x$

Wir bringen jetzt unsere $2x$ auf die linke Seite der Gleichung, indem wir $-2x$ rechnen und erhalten:

$$\begin{aligned} -x - 5 &= 2x + 6 \quad | -2x \\ -3x - 5 &= 6 \end{aligned}$$

Anschließend bringen wir die -5 auf die rechte Seite der Gleichung, indem wir $+5$ rechnen:

$$\begin{aligned} -3x - 5 &= 6 \quad | +5 \\ \Leftrightarrow \quad -3x &= 11 \end{aligned}$$

Abschließend teilen wir auf beiden Seiten der Gleichung durch -3:

$$\begin{aligned} -3x &= 11 \quad | \div (-3) \\ \Leftrightarrow \quad x &= -\frac{11}{3} \end{aligned}$$

2.5.2 Bruchgleichungen

Bruchgleichung lösen

Beim Lösen von Bruchgleichungen geht ihr am besten nach dem folgenden Schema vor. Zuerst werden die Nenner auf beiden Seiten der Gleichung eliminiert, indem ihr mit genau diesen beiden Nennern multipliziert. Anschließend verfahrt ihr genauso wie beim Lösen von linearen Gleichungen. Dazu gucken wir uns die folgende Gleichung an:

$$\begin{aligned}
\frac{2x+2}{3} &= \frac{x-3}{2} \quad | \cdot 2 \\
\Leftrightarrow \quad \frac{(2x+2)\cdot 2}{3} &= \frac{(x-3)\cdot 2}{2} \quad | \text{ Ausmultiplizieren bzw. Kürzen} \\
\Leftrightarrow \quad \frac{4x+4}{3} &= \frac{(x-3)\cdot \not{2}}{\not{2}} \\
\Leftrightarrow \quad \frac{4x+4}{3} &= x-3 \quad | \cdot 3 \\
\Leftrightarrow \quad \frac{(4x+4)\cdot 3}{3} &= (x-3)\cdot 3 \quad | \text{ Ausmultiplizieren bzw. Kürzen} \\
\Leftrightarrow \quad \frac{(4x+4)\cdot \not{3}}{\not{3}} &= 3x-9 \\
\Leftrightarrow \quad 4x+4 &= 3x-9 \quad | -3x \\
\Leftrightarrow \quad x+4 &= -9 \quad | -4 \\
\Leftrightarrow \quad x &= -13
\end{aligned}$$

Der folgende Trick kann beim Lösen von Bruchgleichungen besonders hilfreich sein. Sollte euer x im Nenner stehen, so dürft ihr auf beiden Seiten der Gleichung den Kehrwert bilden und könnt anschließend wieder mit dem jeweiligen Nenner multiplizieren:

$$\begin{aligned} \frac{2}{x} &= \frac{32}{7} && \mid \text{Kehrwert} \\ \Leftrightarrow \quad \frac{x}{2} &= \frac{7}{32} && \mid \cdot 2 \\ \Leftrightarrow \quad \frac{x \cdot 2}{2} &= \frac{7 \cdot 2}{32} && \mid \text{Ausmultiplizieren bzw. Kürzen} \\ \Leftrightarrow \quad x &= \frac{14}{32} = \frac{7}{16} = 0{,}4375 \end{aligned}$$

2.5.3 Ungleichungen

Ungleichung lösen

Das Thema Ungleichungen wird häufig nicht in der Schule behandelt. Wir wollen uns dieses Thema jedoch kurz angucken und die wichtigsten Regeln festhalten. Grundsätzlich dürfen Ungleichungen nach denselben Regeln wie Gleichungen gelöst werden.

Es gibt eine Ausnahme. Sobald ihr die Ungleichung mit einer negativen Zahl multipliziert oder durch eine negative Zahl teilt, muss das Ungleichzeichen seine Richtung ändern. Beispiel:

$$\begin{aligned} -3x + 7 &< -6x - 5 && \mid +3x \\ \Leftrightarrow \quad 7 &< -3x - 5 && \mid +5 \end{aligned}$$

„Schnabel" dreht sich

Bis jetzt sind wir genauso verfahren, als würde es sich um eine lineare Gleichung handeln. Aber jetzt kommt die vorhin erwähnte Ausnahme. Wir teilen unsere Ungleichung durch -3 und müssen daher unser Ungleichzeichen umdrehen:

$$\begin{aligned} 12 &< -3x && \mid \div (-3) \\ \Leftrightarrow \quad -4 &> x \end{aligned}$$

Beachte: $-4 > x$ ist das gleiche wie $x < -4$.

2.5.4 Quadratische Gleichungen

Was heißt quadratisch?

Quadratische Gleichungen können euch in unterschiedlichen Formen begegnen. Wir schauen uns hier unterschiedliche Formen an und zeigen euch, wie diese berechnet werden können. Damit es etwas übersichtlicher wird, setzen wir die Terme immer gleich Null.

- **Gleichungen der Form $ax^2 + c = 0$** werden auf die folgende Art und Weise berechnet:

$$\begin{aligned} \Rightarrow \quad 2x^2 - 8 &= 0 && \mid +8 \\ \Leftrightarrow \quad 2x^2 &= 8 && \mid \div 2 \\ \Leftrightarrow \quad x^2 &= 4 && \mid \sqrt{} \end{aligned}$$

$$x_1 = 2 \quad \wedge \quad x_2 = -2$$

Merkt euch, dass wir beim Wurzelziehen immer zwei Lösungen erhalten. Eine ist positiv und die andere ist negativ. Alternative Schreibweisen für die Lösung: $x = 2 \vee x = -2$ ($\vee$ bedeutet *oder*; $\wedge$ bedeutet *und*) oder $\mathbb{L} = \{-2, 2\}$.

Lösen durch Ausklammern

- **Gleichungen der Form $ax^2 + bx = 0$** werden auf die folgende Art und Weise berechnet:

$$\Rightarrow \quad 2x^2 + 2x = 0$$

Zuerst müsst ihr einen gemeinsamen Faktor ausklammern. Das ist in den meisten Fällen immer ein x:

$$x \cdot (2x + 2) = 0$$

Jetzt gilt der folgende Satz: Ein Produkt ist immer genau dann gleich 0, wenn mindestens ein Faktor gleich 0 ist. Das bedeutet, dass das Ergebnis einer Multiplikation nur dann gleich 0 sein kann, wenn wir auch mit 0 multiplizieren. Denn nur 0 multipliziert mit irgendwas oder irgendwas multipliziert mit 0 ergibt auch 0. Wir dürfen also unsere beiden Faktoren unabhängig voneinander gleich 0 setzen:

$$x = 0 \quad \vee \quad 2x + 2 = 0$$

Auf diesem Wege erhalten wir direkt auch schon unsere erste Lösung, nämlich $x = 0$. Um unsere zweite Lösung zu bestimmen, lösen wir den Term, welcher in der Klammer steht, separat auf:

$$\begin{aligned} 2x + 2 &= 0 \quad | -2 \\ \Leftrightarrow \quad 2x &= -2 \quad | \div 2 \\ \Leftrightarrow \quad x &= -1 \end{aligned}$$

Unsere beiden Lösungen lauten also: $x = 0 \vee x = -1$.

pq-Formel

- **Gleichungen der Form $ax^2 + bx + c = 0$** können mit der *pq*-Formel gelöst werden. Diese lautet:

***pq*-Formel**

$$x_{1/2} = -\frac{p}{2} \pm \sqrt{\left(\frac{p}{2}\right)^2 - q}$$

Beispiel: Berechne die Lösung der Gleichung $0 = 2x^2 - 4x - 6$.

In diesem Fall ist es besonders wichtig, dass ihr die Gleichung vorher normiert. Ihr müsst lediglich die gesamte Gleichung durch den Faktor teilen, welcher vor dem x^2 auftaucht (hier 2):

$$\begin{aligned} 2x^2 - 4x - 6 &= 0 \quad | \div 2 \\ \Leftrightarrow \quad x^2 - 2x - 3 &= 0 \end{aligned}$$

Jetzt können wir unsere beiden Werte sowohl für p als auch für q bestimmen. Das p findet ihr immer direkt vor dem einfachen x, also $p = -2$. Das q ist immer die konstante Zahl in unserer Gleichung, also $q = -3$. Merkt euch, dass die Vorzeichen eine wichtige Rolle spielen und ihr diese auf jeden Fall berücksichtigen müsst. Jetzt setzen wir unsere beiden Werte in die *pq*-Formel ein:

$$\begin{aligned} x_{1/2} &= -\tfrac{(-2)}{2} \pm \sqrt{\left(\tfrac{(-2)}{2}\right)^2 - (-3)} = 1 \pm \sqrt{(-1)^2 + 3} \\ &= 1 \pm \sqrt{1+3} = 1 \pm \sqrt{4} = 1 \pm 2 \end{aligned}$$

Die Lösung lautet: $x_1 = 1 + 2 = 3 \wedge x_2 = 1 - 2 = -1$.

Bei solchen Gleichungen bestimmt der Term unter der Wurzel, wie viele Lösungen ihr erhaltet. Der Term unter der Wurzel heißt Diskriminante D.

Diskriminante

Es gelten die folgenden Regeln:

- $D > 0 \Rightarrow$ 2 Lösungen
- $D = 0 \Rightarrow$ 1 Lösung
- $D < 0 \Rightarrow$ keine Lösung

Merke: Wir können keine Wurzel aus negativen Zahlen ziehen!

2.6 Anwendungsbeispiel

In der Regel begegnen uns quadratische Gleichungen als quadratische Funktionen. Die Flugbahn eines Golfballs kann annähernd durch die folgende Funktion beschrieben werden:

$$f(x) = -0{,}125x^2 + 7x$$

a) Zeige, dass der Golfball 56 m weit fliegt.

Zuerst wollen wir uns den Graphen der Funktion im Koordinatensystem angucken:

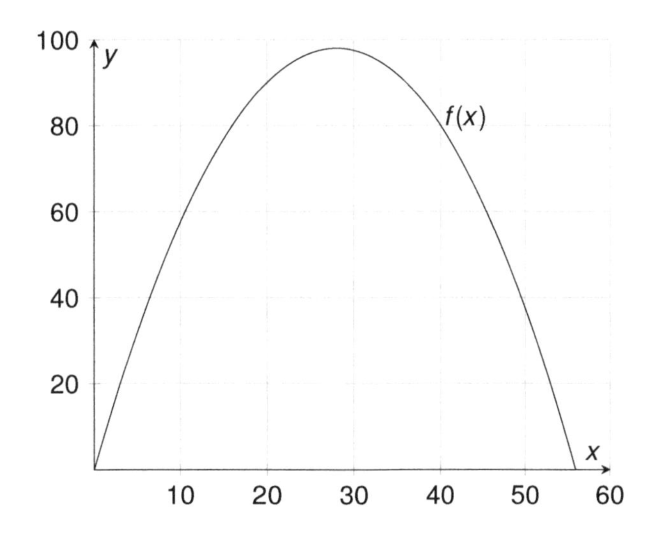

Wir können sehen, dass sich der Abschlagpunkt im Punkt (0|0) befindet. Der Golfball landet irgendwo zwischen der 50 m- und der 60 m-Markierung. Sowohl der Abschlagpunkt als auch der Landepunkt des Golfballs werden durch die Nullstellen unserer Funktion repräsentiert. Um die Frage zu beantworten, bzw. um zu bestätigen, dass Golfball auf der 56 m-Markierung landet, müssen wir die Nullstellen unserer Funktion bestimmen.

Wir setzen also den Funktionsterm gleich 0 und erhalten:

$$-0{,}125x^2 + 7x = 0$$

Im nächsten Schritt klammern wir ein x aus und benutzen den Satz vom Nullprodukt:

$$x \cdot (-0{,}125x + 7) = 0$$

$$\begin{aligned} \Rightarrow \quad x = 0 \quad \vee \quad && -0{,}125x + 7 &= 0 && \mid -7 \\ \Leftrightarrow && -0{,}125x &= -7 && \mid \div (-0{,}125) \\ \Leftrightarrow && x &= 56\,[\text{m}] && \checkmark \end{aligned}$$

b) Welche maximale Höhe erreicht der Golfball?

Bei der Berechnung der maximalen Höhe muss der Scheitelpunkt der Parabel bestimmt werden, denn bei dem Scheitelpunkt handelt es sich entweder um den höchsten oder um den tiefsten Punkt der Parabel. Wir wenden also die quadratische Ergänzung an und bestimmen den Scheitelpunkt:

$$f(x) = -0{,}125x^2 + 7x$$

Zuerst klammern wir den Faktor $-0{,}125$ aus und erhalten:

$$f(x) = -0{,}125 \cdot (x^2 - 56x)$$

Im nächsten Schritt ergänzen wir quadratisch:

$$f(x) = -0{,}125 \cdot (x^2 - 56x + 28^2 - 28^2)$$

Auf die ersten drei Summanden in der Klammer wenden wir die zweite binomische Formel an:

$$f(x) = -0{,}125 \cdot \left[(x - 28)^2 - 784\right]$$

Zum Schluss multiplizieren wir noch -784 mit $-0{,}125$:

$$f(x) = -0{,}125 \cdot (x - 28)^2 + 98$$

Die Koordinaten unseres Scheitelpunkts lauten $S(28|98)$. Der Golfball erreicht eine maximale Höhe von 98 m. Es gibt zu dieser Fragestellung noch einen weiteren, kürzeren Lösungsweg. Grundsätzlich dürfen wir davon ausgehen, vorausgesetzt wir kennen die Nullstellen der Parabel, dass sich die x-Koordinate des Scheitelpunkts genau in der Mitte befindet. Unsere beiden Nullstellen waren $x_1 = 0 \wedge x_2 = 56$. Also muss der Scheitelpunkt genau in der Mitte bei $x = 28$ liegen. Diesen Wert können wir dann einfach in unsere Ausgangsfunktion einsetzen, um die y-Koordinate und damit auch die Höhe zu bestimmen:

$$f(28) = -0{,}125 \cdot 28^2 + 7 \cdot 28 = 98$$

Wir sehen, dass wir auf diesem Wege auf den exakt gleichen Wert kommen.

2.7 Aufgaben

A.2.1. Berechne im Kopf und notiere das Ergebnis:

a) $88 + 43$
c) $26 + 55 + 41$
e) $576 - 43 + 66$
b) $42 - (5.391 - 5.349)$
d) $444 - 324$
f) $[67 - (24 + 33)] - 5$

A.2.2. Ergänze ein passendes Rechenzeichen und die fehlende Zahl:

a) 56 ______________ = 86
d) 58 ______________ + 16 = 24
b) 5.768 ______________ = 487
e) 26 + 755 ______________ = 645
c) 32 ______________ + 5 = 67
f) 63 − (43 ______________) = 12

A.2.3. Berechne:

a) $\frac{2}{5} + \frac{1}{5}$
c) $\frac{2}{3} - \frac{1}{6}$
e) $\frac{7}{3} + \frac{1}{4}$
g) $\frac{1}{8} + \frac{3}{4}$
b) $\frac{4}{8} - \frac{3}{8}$
d) $\frac{5}{4} + \frac{1}{2}$
f) $\frac{1}{3} - \frac{1}{2}$
h) $\frac{3}{7} + \frac{5}{7} + \frac{2}{21}$

A.2.4. Kürze über Kreuz und berechne dann:

a) $\frac{3}{4} \cdot \frac{2}{3}$
b) $\frac{13}{2} \cdot \frac{2}{13}$
c) $\frac{21}{5} \cdot \frac{15}{7}$
d) $\frac{78}{63} \cdot \frac{14}{13}$

A.2.5. Berechne:

a) $\frac{3}{2} : \frac{2}{5}$
b) $\frac{1}{4} : \frac{4}{5}$
c) $\frac{3}{2} : \frac{5}{2}$
d) $\frac{48}{9} : \frac{12}{3}$

A.2.6. Löse die folgenden Gleichungen:

a) $5 + x = 12$
d) $8 + x - 2 = 10$
g) $3x \cdot 2 = 24$
j) $\frac{4x}{3} = 8$
b) $13 - x = 7$
e) $2x = 8$
h) $8x - 3 + 5 = 34$
k) $\frac{4x}{3} \cdot \frac{3}{4} = 78$
c) $5 - 3 + x = 7$
f) $3x - 2 = 7$
i) $\frac{x}{4} = 2$
l) $\frac{5x}{2x} \cdot \frac{3x}{2} = 15$

A.2.7. Berechne die Unbekannten:

a) $0 = -3x^2$
b) $0 = 5x^2$
c) $0 = 3x^2 - 6$
d) $0 = 4 - x^2$
e) $0 = -2x^2 + 3x$
f) $0 = -4t^2 - 2t$
g) $0 = x^2 + 5x - 2{,}75$
h) $0 = u^2 - 3u + \frac{5}{4}$
i) $0 = 3x^2 - 9x + 3{,}75$

Notizen

3 Prozentrechnung

Was sind Prozente?

Dreisatz

Vorweg muss gesagt werden, dass es grundsätzlich möglich ist, alle Aufgaben der Prozentrechnung mit dem Dreisatz zu lösen. Dazu wollen wir uns ein **Beispiel** angucken:

Wir möchten gerne wissen, wie viel Prozent 70 Euro von 250 Euro sind? Wir entnehmen dem Text, dass unsere 250 Euro 100 % entsprechen. Wir erstellen erneut eine Dreisatztabelle:

€	%
250	100

Zuerst berechnen wir, wie viel Prozent 10 Euro von 250 Euro sind und teilen auf beiden Seiten unserer Tabelle durch 25:

	€	%	
	250	100	
:25	10	4	:25

10 Euro von 250 Euro sind also 4 %. Im nächsten Schritt berechnen wir, wie viel Prozent 70 Euro von 250 Euro sind, indem wir auf beiden Seiten unserer Tabelle mit 7 multiplizieren:

	€	%	
	250	100	
:25	10	4	:25
·7	70	28	·7

70 Euro von 250 Euro sind demnach also 28 %.

Die meisten Schüler bekommen die Prozentrechnung jedoch unter Anwendung von drei verschiedenen Formeln vermittelt. Im Rahmen dieser Formeln spielen die drei folgenden Begriffe, einschließlich ihrer Abkürzungen, eine zentrale Rolle:

- Grundwert $\rightarrow G$
- Prozentwert $\rightarrow W$
- Prozentsatz $\rightarrow p$

mit Formel

Dazu gehören außerdem die drei folgenden Formeln:

$$G = \frac{W \cdot 100}{p} \quad W = \frac{G \cdot p}{100} \quad p = \frac{W \cdot 100}{G}$$

Die folgenden Aufgaben sollen die obenstehenden Formeln verdeutlichen und kurz zeigen, wie diese angewendet werden. Denkt bei eurem Antwortsatz immer an die Einheiten!

1. Berechne 10 % von 500 kg. Bei dieser Aufgabe ist der Prozentwert W gesucht. Wir verwenden also unsere Formel für W und erhalten:

   $$W = \frac{G \cdot p}{100} = \frac{500 \text{ kg} \cdot 10}{100} = \frac{5.000 \text{ kg}}{100} = 50 \text{ kg}$$

   An dieser Stelle ist es unter Umständen einfacher und in jedem Fall schneller, 10 % von 500 kg auf eine andere Art und Weise zu berechnen. Dazu machen wir uns klar, dass der folgende Zusammenhang gilt:

   $$10\,\% = \frac{10}{100} = 0{,}1$$

   Mit Hilfe dieses Wissens berechnen wir jetzt: $0{,}1 \cdot 500 \text{ kg} = 50 \text{ kg}$. Ihr dürft natürlich selber entscheiden, welcher Rechenweg euch mehr zusagt. Welchen der beiden Wege ihr letztendlich benutzt, spielt in der Prüfung keine Rolle.

2. Es sind bereits 20 m eines Weges gepflastert. Das sind 40 % der Gesamtlänge. Welche Gesamtlänge hat der Weg? In diesem Fall ist der Grundwert gesucht. Wir verwenden die uns bekannte Formel und erhalten:

   $$G = \frac{W \cdot 100}{p} = \frac{20 \text{ m} \cdot 100}{40} = \frac{2.000 \text{ m}}{40} = 50 \text{ m}$$

3. Wie viel Prozent sind 60 cm von 300 cm? Wir suchen den Prozentsatz und berechnen mit der entsprechenden Formel:

   $$p = \frac{W \cdot 100}{G} = \frac{60 \text{ cm} \cdot 100}{300 \text{ cm}} = \frac{6.000 \text{ cm}}{300 \text{ cm}} = 20\,\%$$

3.1 Vermehrter und verminderter Grundwert

vermehrter und verminderter Grundwert

Eine ebenso wichtige Rolle spielen die Aufgaben zum vermehrten und zum verminderten Grundwert. Auch dazu wollen wir uns jeweils eine Aufgabe angucken.

Vermehrter Grundwert

Der Preis einer Hose wurde um 25 % erhöht und beträgt jetzt 200 Euro. Wie hoch war der ursprüngliche Preis der Hose?

Hier müssen wir berücksichtigen, dass der Grundwert bereits um 25 % erhöht wurde und unser Prozentwert demnach 25 % mehr ausmacht. Das bedeutet, dass unser Prozentwert 100 %+25 % =

125 % entspricht. Gesucht ist der ursprüngliche Preis unserer Hose, also der Grundwert. Wir setzen unsere entsprechenden Werte in die Formel ein und erhalten:

$$G = \frac{W \cdot 100}{p} = \frac{200 \text{ Euro} \cdot 100}{125} = \frac{20.000 \text{ Euro}}{125} = 160 \text{ Euro}$$

Der ursprüngliche Preis unserer Hose betrug also 160 Euro.

Verminderter Grundwert

Der Preis einer Hose wurde um 20 % gesenkt und beträgt jetzt 120 Euro. Wie hoch war der ursprüngliche Preis der Hose?

Unser Grundwert wurde um 20 % reduziert. Der jetzt übrig gebliebene Prozentwert entspricht also 100 % – 20 % = 80 %. Gesucht ist also wieder unser ursprünglicher Grundwert. Wir setzen die uns bekannten Werte in die Formel ein und erhalten:

$$G = \frac{W \cdot 100}{p} = \frac{120 \text{ Euro} \cdot 100}{80} = \frac{12.000 \text{ Euro}}{80} = 150 \text{ Euro}$$

Ursprünglich kostete die Hose also 150 Euro.

3.2 Aufgaben

A.3.1. Bei Kommunalwahlen in Paderborn haben laut den Medien nur 56% der Wahlberechtigten tatsächlich gewählt. Wie viele Menschen haben gewählt, wenn in Paderborn etwa 110.000 Wahlberechtigte wohnen?

A.3.2. 270 Fische sind in einem Großaquarium an einer Verschmutzung gestorben. Das waren 40% der Fische, die zuvor darin gelebt haben. Wie viele Fische waren vor dem großen Sterben im Aquarium?

4 Kräfte berechnen

4.1 Was ist eine Kraft?

Wir müssen uns zu Anfang klarmachen, was eine Kraft überhaupt ist. Was Kräfte angeht, hat Isaac Newton die Menschheit seinerzeit ein ganzes Stück nach vorne gebracht:

> *„Eine angebrachte Kraft ist das gegen einen Körper ausgeübte Bestreben, seinen Zustand zu ändern, entweder den der Ruhe oder der gleichförmigen Bewegung.“*

Eine Kraft ist also etwas, das den Zustand eines Körpers verändert. Wir stellen uns vor, dass wir gegen einen Körper eine Kraft aufbringen, ohne dass der Körper sich dadurch bewegen kann. Das ist der Fall, wenn wir uns auf eine Bank setzen oder dieses Heft auf einen Schreibtisch legen. Der Körper muss die aufgebrachte Kraft (im Beispiel die Kraft infolge der Masse des Sitzenden oder des Heftes) also ertragen.

Um eine Kraft zu beschreiben, nutzen wir einen Vektor. Dieser zeigt an, wie viel Kraft wir in welche der drei Richtungen des Raumes ausüben:

$$\vec{F} = \begin{pmatrix} F_x \\ F_y \\ F_z \end{pmatrix}$$

Zu Beginn werden wir zweidimensionale Kräfte behandeln, die in der Ebene wirken. Eine Kraft braucht zur vollständigen Definition folgende Dinge:

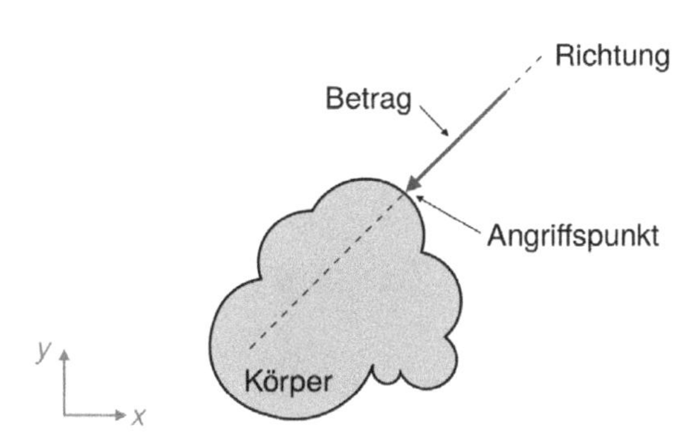

Axiom vom Gleichgewicht

Axiom vom Kräfteparallelogramm

- Einen **Angriffspunkt** an dem Körper, an dem die Kraft wirkt.
- Eine **Richtung**, in der sie wirkt (Wirkungslinie).
- Einen **Betrag**, mit dem sie wirkt.

Kräfte wirken entlang einer Wirkungslinie. Dabei können sie entlang ihrer Wirkungslinie verschoben werden, ohne dass sich ihre Wirkung ändert.

(1) Eine Kraft *F* wirkt...

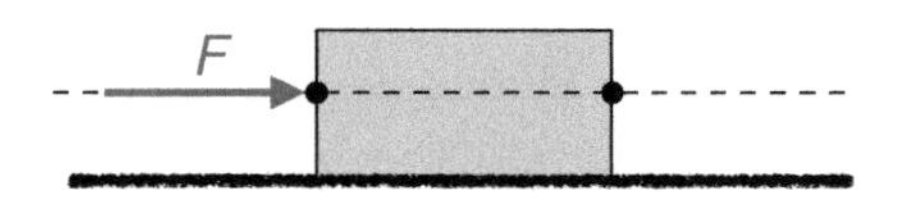

(2) **zwei** sich aufhebende Kräfte *-F* und *F* hinzufügen...

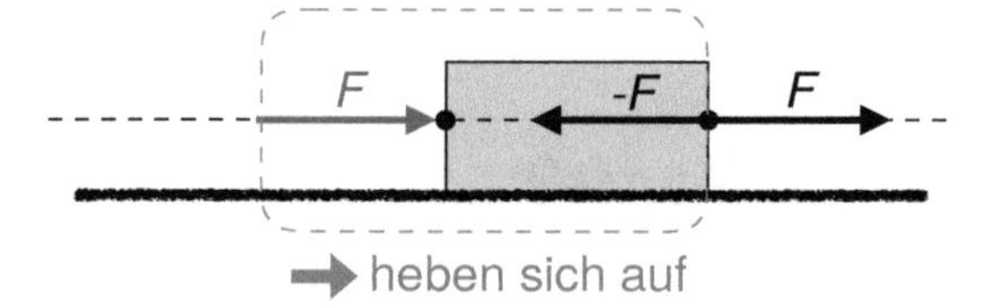

(3) *F* verbleibt...

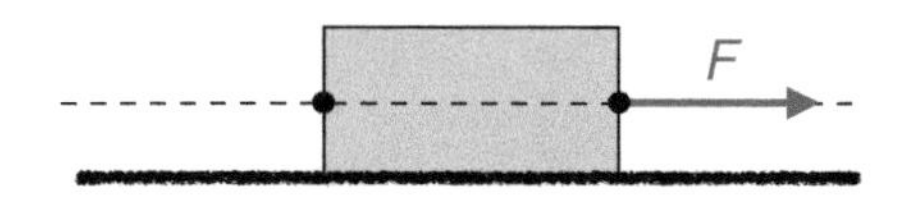

Kraft kann entlang der Wirkungslinie verschoben werden!

Wir müssen uns die physikalische Definition der Kraft merken. Eine Kraft (*F*) ist definiert als die Masse (*m*) multipliziert mit ihrer Beschleunigung (*a*):

$$F = m \cdot a$$

Die Einheit der Masse ist Kilogramm [kg], die der Beschleunigung Meter pro Quadratsekunde [m/s^2], damit ergibt sich für die Einheit der Kraft in *SI* (Internationale Standardeinheiten) Einheiten:

$$F\left[\frac{\text{kg} \cdot \text{m}}{\text{s}^2} = \text{N}\right]$$

Die Einheit der Kraft ist Newton [N], wie wir in der Gleichung sehen können. In der Statik haben wir es zunächst mit Gewichtskräften zu tun. Diese entstehen, weil jede Masse aufgrund der Erdbeschleunigung zum Erdkern hin beschleunigt wird. Da wir jedoch nicht im Boden versinken, setzt uns der Boden eine Kraft entgegen. Diese Kraft wird als Normalkraft bezeichnet.

Fassen wir zusammen: Ich stehe auf dem Boden, es wirkt eine Erdbeschleunigung g, die mich mit einer Gewichtskraft F_G Richtung Erdkern bewegt:

$$F_G = m \cdot g$$

Da ich nicht im Boden versinke, muss dieser Kraft etwas entgegenwirken. Dies ist die Normalkraft F_N, die

- entgegengesetzt zur Gewichtskraft,
- mit gleichem Betrag

wirkt und mich auf dem Boden hält. Das können wir uns wie folgt vorstellen:

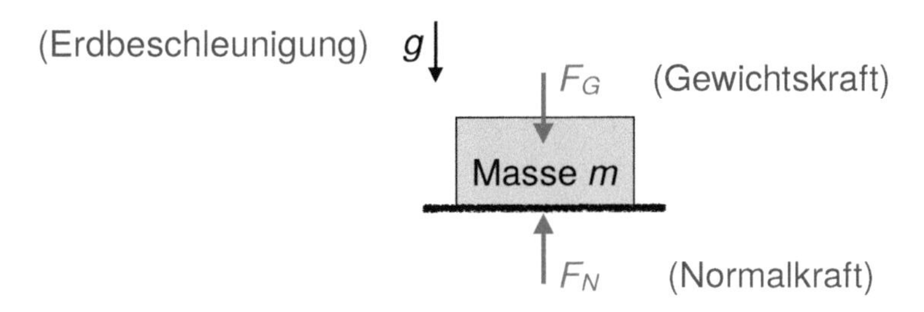

Damit erklärt sich, warum Astronauten auf dem Mond meterweit aus dem Stand springen können: die Beschleunigung des Mondes (die „Mondbeschleunigung") ist viel geringer, als die Erdbeschleunigung. Dazu ein **Beispiel**:

Gewichtskraft berechnen

Ein Astronaut wiegt 80 kg. Bei einer Erdbeschleunigung von $g = 9{,}81\ \mathrm{m/s^2}$ ergibt das eine Gewichtskraft von

$$F_G = 80\ \mathrm{kg} \cdot 9{,}81\ \frac{\mathrm{m}}{\mathrm{s}^2} = 874{,}8\ \mathrm{N}$$

Die Mondbeschleunigung beträgt etwa $g_{\mathrm{Mond}} = 1{,}64\ \mathrm{m/s^2}$, damit ist die Gewichtskraft des Astronauten dort nur noch etwa $F_{G,\mathrm{Mond}} = 131{,}2$ N. Das bedeutet, dass der Astronaut nur noch etwa 1/6 seiner Masse im Vergleich zur Erde spürt. Wie weit kann ein erwachsener Mensch mit gesunder Muskulatur springen, wenn er plötzlich nur noch 13,3 kg „wiegt"?

Manchmal haben wir es mit sehr schweren Massen wie denen von Brücken oder Häusern zu tun. Da ist es hilfreich, nicht mit tausenden von Newton zu rechnen. Wir definieren deshalb das Kilonewton [kN]:

$$1\ \mathrm{kN} = 1000\ \mathrm{N}$$

Eselsbrücke: *kilos* bedeutet tausend auf griechisch. Deshalb entsprechen 1000 Gramm einem Kilogramm!

4.2 Aufgaben

A.4.1. Ein Stein der Masse 450g fällt auf dem Mond, der Erde und dem Mars mit unterschiedlicher Beschleunigung zu Boden. Die Beschleunigung beträgt auf

a) der Erde $9{,}81\,\mathrm{m/s^2}$, b) dem Mond $1{,}62\,\mathrm{m/s^2}$ und c) dem Mars $3{,}69\,\mathrm{m/s^2}$.

Berechne jeweils die Gewichtskraft des Steines auf den drei Himmelskörpern!

5 Satzgruppe des Pythagoras

5.1 Satz des Pythagoras

Der Satz des Pythagoras darf nur in rechtwinkligen Dreiecken angewendet werden. Dazu betrachten wir die folgende Abbildung:

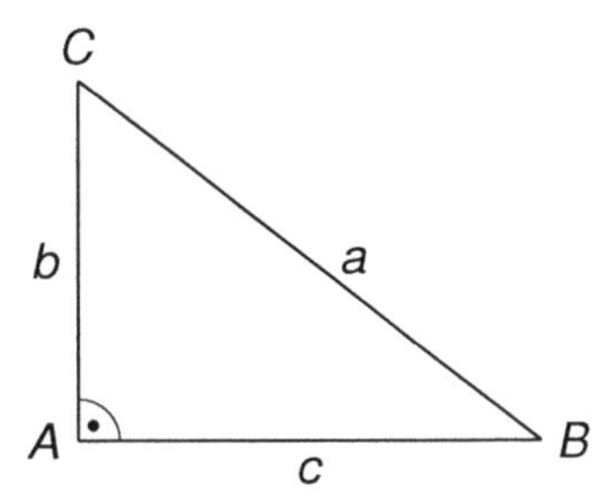

Wir erkennen, dass es sich bei diesem Dreieck um ein rechtwinkliges Dreieck handelt, da wir einen rechten Winkel im Punkt A haben. Als nächstes wollen wir die Hypotenuse und die beiden Katheten identifizieren. Die Hypotenuse kann einfach dadurch identifiziert werden, dass sie dem rechten Winkel stets gegenüberliegt. Gegenüber unseres rechten Winkels liegt hier die Seite a. Diese ist also unsere Hypotenuse. Folglich müssen unsere beiden übrig gebliebenen Seiten die Katheten sein, nämlich b und c.

Nachdem wir also alle Seiten in unserem Dreieck identifiziert haben, gucken wir uns den eigentlichen Satz des Pythagoras an.

Satz des Pythagoras

Satz des Pythagoras:

$$(\text{Kathete})^2 + (\text{Kathete})^2 = (\text{Hypotenuse})^2$$

Auf unser Dreieck bezogen bedeutet das also:

$$b^2 + c^2 = a^2$$

Einige von euch werden jetzt verwirrt sein und sagen, dass der Satz des Pythagoras doch immer $a^2 + b^2 = c^2$ lautet. Das wird in der Schule auch häufig so beigebracht, berücksichtigt aber nicht die Lage des rechten Winkels. Denn wie wir vorhin festgestellt haben, befindet sich die Hypotenuse immer gegenüber des rechten Winkels. In unserem Dreieck ist c aber nicht die Hypotenuse, sondern a. Macht euch dieses Vorgehen klar und berücksichtigt stets die Lage des rechten Winkels und somit auch die Lage der Hypotenuse. Danach könnt ihr den entsprechenden Satz des Pythagoras aufstellen und damit weiter rechnen.

weiteres Beispiel

Aufgabe: Eine 5 m lange Leiter steht in 4 m Entfernung an eine Hauswand gelehnt.

a) Fertige eine Skizze zu diesem Sachverhalt an.

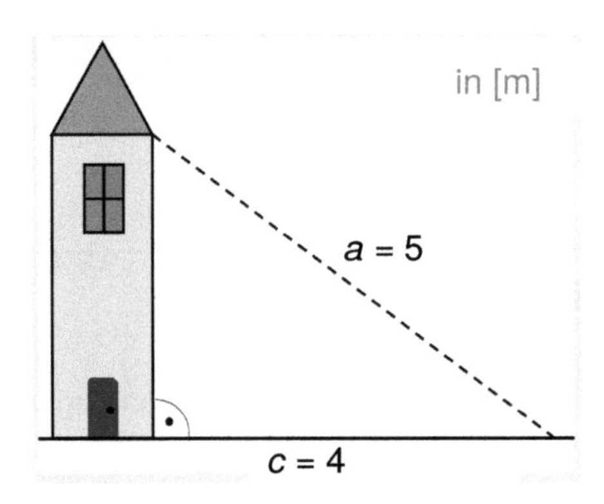

b) In welcher Höhe trifft die Leiter auf die Hauswand?

Wir betrachten die Skizze. Die Seite a repräsentiert unsere 5 m lange Leiter. Die Entfernung zur Hauswand beträgt $c = 4$ m. In diesem Dreieck gilt also:

$$b^2 + (4\text{ m})^2 = (5\text{ m})^2$$

Diese Gleichung werden wir jetzt nach b auflösen, um die Höhe unserer Hauswand zu bestimmen:

$$\begin{aligned} b^2 + (4\text{ m})^2 &= (5\text{ m})^2 \qquad \mid -(4\text{ m})^2 \\ \Leftrightarrow \quad b^2 &= (5\text{ m})^2 - (4\text{ m})^2 \end{aligned}$$

Wir rechnen einfach $5^2 - 4^2$ aus und erhalten:

$$\Leftrightarrow \; b^2 = 25\text{ m}^2 - 16\text{ m}^2 = 9\text{ m}^2$$

Zum Schluss ziehen wir noch die Wurzel:

$$\begin{aligned} b^2 &= 9\text{ m}^2 \quad \mid\sqrt{} \\ b &= \pm 3\text{ m} \end{aligned}$$

In unserem Kontext macht die negative Lösung natürlich keinen Sinn. Eine Hauswand kann selbstverständlich nicht -3 m hoch sein. Also lautet die Lösung für die Höhe unserer Hauswand $b = 3$ m.

An dieser Stelle noch ein weiterer Hinweis. Merkt euch, dass die Hypotenuse immer die längste Seite in einem rechtwinkligen Dreieck ist. Solltet ihr also gegensätzliche Lösungen herausbekommen, müsst ihr euch die Rechnung nochmal angucken.

5.2 Satz des Pythagoras im gleichschenkligen und -seitigen Dreieck

Man kann sowohl gleichschenklige als auch gleichseitige Dreiecke durch die Ergänzung der Höhe in zwei deckungsgleiche, rechtwinklige Dreiecke verwandeln. Dazu betrachten wir das folgende, gleichschenklige Dreieck:

Beispiel

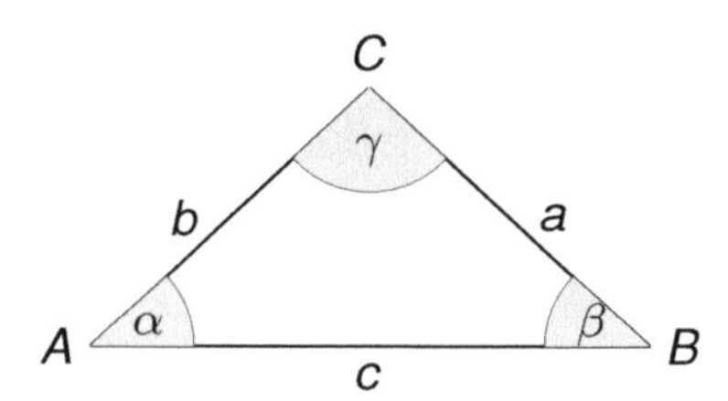

Die beiden sogenannten Schenkel a und b sind gleich lang. Außerdem sind die beiden Basiswinkel α und β gleich groß. Die Seite c ist die Basis.

gleichseitiges Dreieck

Wenn wir jetzt die Höhe der Seite c ergänzen, erhalten wir zwei deckungsgleiche Dreiecke, in welchen der Satz des Pythagoras wieder angewendet werden darf. Denkt außerdem daran, dass die Basis c durch die Ergänzung der Höhe in zwei gleich lange Abschnitte unterteilt wird. Außerdem wird der Winkel γ durch die Ergänzung der Höhe ebenfalls halbiert.

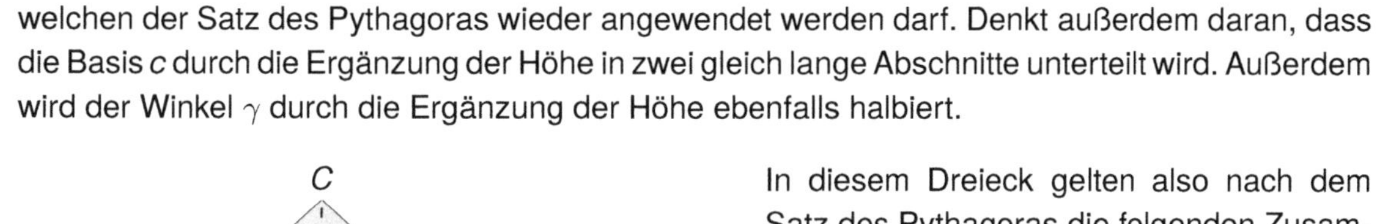

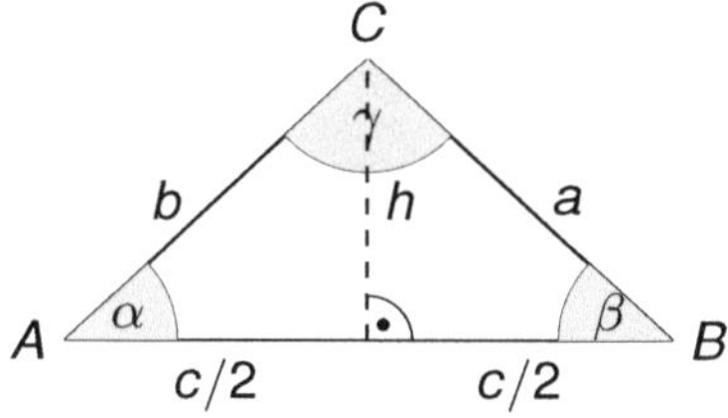

In diesem Dreieck gelten also nach dem Satz des Pythagoras die folgenden Zusammenhänge:

$$h^2 + \left(\frac{c}{2}\right)^2 = a^2 \quad \text{und} \quad h^2 + \left(\frac{c}{2}\right)^2 = b^2$$

Die Anwendung im gleichseitigen Dreieck funktioniert nach dem gleichen Schema. Der einzige Unterschied ist lediglich die Tatsache, dass alle Seiten gleich lang und alle drei Winkel gleich groß sind (60°).

5.3 Höhen- und Kathetensatz

Der Höhen- und Kathetensatz sind weitere mathematische Methoden, welche euch behilflich sein können. Im Gegensatz zum Satz des Pythagoras können in einem beliebigen Dreieck durch Einführung einer Höhe h drei weitere interessante Größen ohne Umwege berechnet werden. Wir gucken uns das folgende Dreieck an:

Höhen- und Kathetensatz

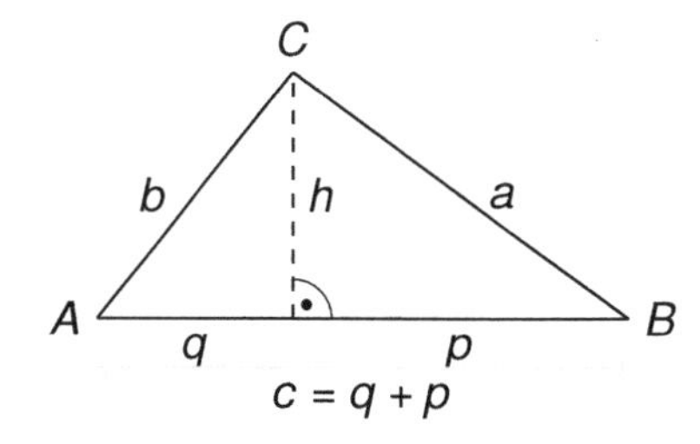

Unser ursprüngliches Dreieck, ohne die Höhe, ist kein rechtwinkliges Dreieck. Jedoch erhalten wir, dadurch, dass wir die Höhe ergänzen, zwei rechtwinklige Dreiecke.

In einer solchen Konstruktion gelten die folgenden Formeln:

Höhensatz: $h^2 = q \cdot p$

Kathetensatz: $a^2 = c \cdot p$ und $b^2 = c \cdot q$

5.4 Aufgaben

A.5.1. Berechne die fehlende Seite des Dreiecks mit dem Satz des Pythagoras.

a) Kathete $a = 3$ cm, Kathete $b = 3$ cm

b) Kathete $a = 6$ m, Hypotenuse $c = 8$ m

A.5.2. Es sei $p = 9$ und $q = 4$. Bestimme die Höhe h mit dem Höhensatz und anschließend die Seiten a und b mit dem Satz des Pythagoras.

A.5.3. Es sei $c = 4$, $q = 1$ und $p = 3$.
Berechne die Seiten a und b mit dem Kathetensatz.

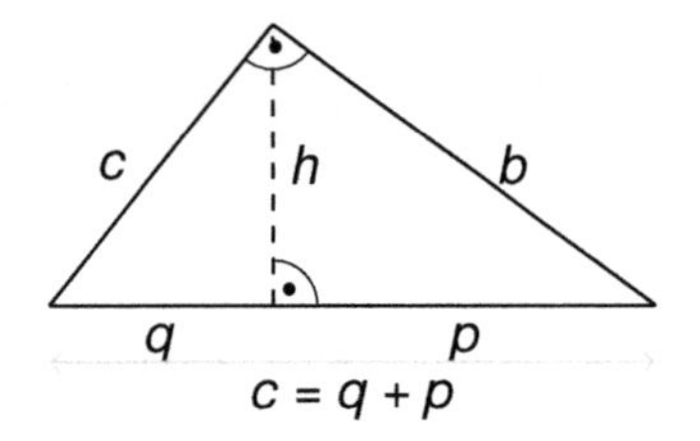

6 Trigonometrische Funktionen

Die Trigonometrie vereinfacht uns in vielerlei Hinsicht das Rechnen. Durch die Grundfunktionen Sinus, Kosinus und Tangens haben wir die Möglichkeit, fehlende Winkel oder Seitenlängen zu berechnen. Selbst wenn wir kein rechtwinkliges Dreieck gegeben haben, was die Voraussetzung für diese Funktionen ist, können wir meist doch ein rechtwinkliges Dreieck konstruieren, um die Vorteile der Trigonometrie zu benutzen.

Die Trigonometrie findet nahezu überall Anwendung - ob in der Physik (z.B. wenn Kräfteverteilungen nach Richtungen aufgeteilt werden), in der Elektrotechnik (z.B. Feldrichtungen), im Maschinenbau oder Bauwesen. Die trigonometrischen Funktionen sind absolute Grundlagen in der Mathematik.

Was du bisher kannst und hier anwendest:

- Satz des Pythagoras
- Grundlagen bei Dreiecken

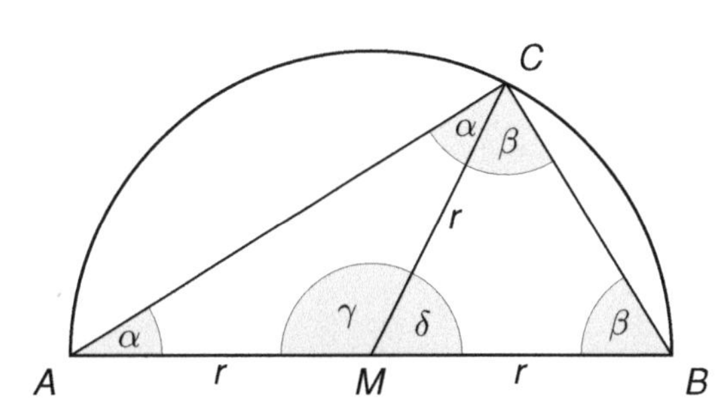

6.1 Konstruktion rechtwinkliger Dreiecke

1. Fall:
Kathete und Hypotenuse geg.

1. Zeichne die Hypotenuse c.
2. Zeichne nun den Thaleskreis um c.
3. Zeichne die gegebene Kathete ein.
4. Ergänze die fehlende Kathete.

2. Fall:
zwei Katheten (a und b) geg.

1. Zeichne die erste Kathete.
2. Zeichne die zweite Kathete ausgehend vom Punkt C im rechten Winkel ein.
3. Verbinde die Katheten nun mit der Hypotenuse c.

Wir schauen uns zum besseren Verständnis ein **Beispiel** an. Konstruiere das rechtwinklige Dreieck mit den gegebenen Werten $c = 7$ cm (Hypotenuse) und $a = 4$ cm (Kathete).

1. Wir zeichnen die Hypotenuse c ein:

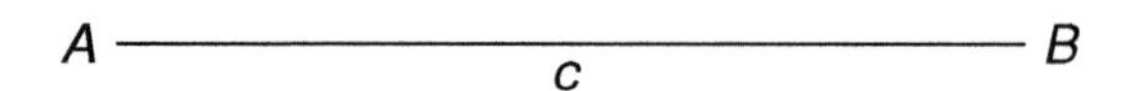

2. Nun zeichnen wir den Thaleskreis:

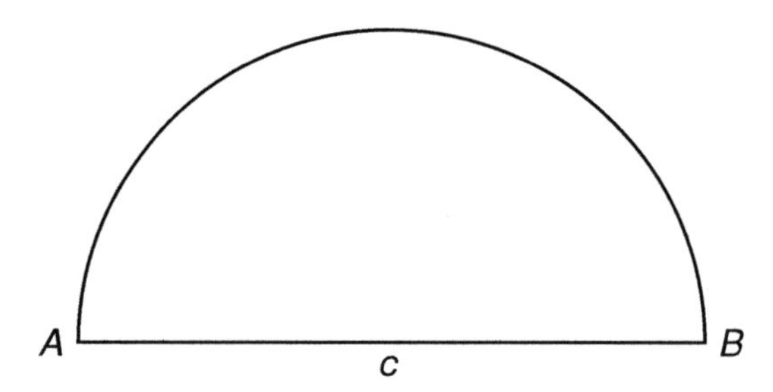

3. Als nächstes tragen wir die Kathete a vom Punkt B bis auf den Thaleskreis ein:

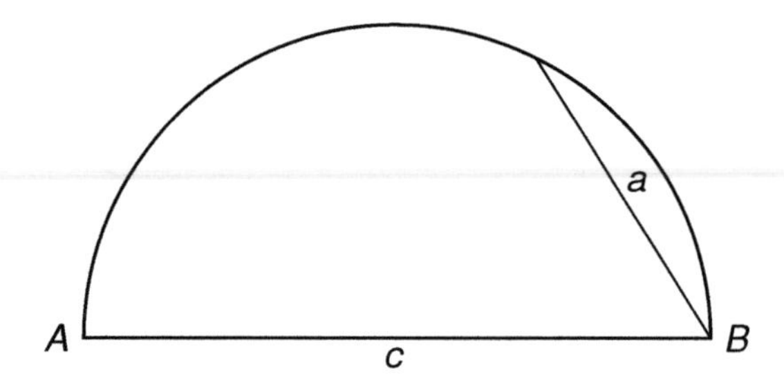

4. Schließlich ergänzen wir die fehlende Kathete:

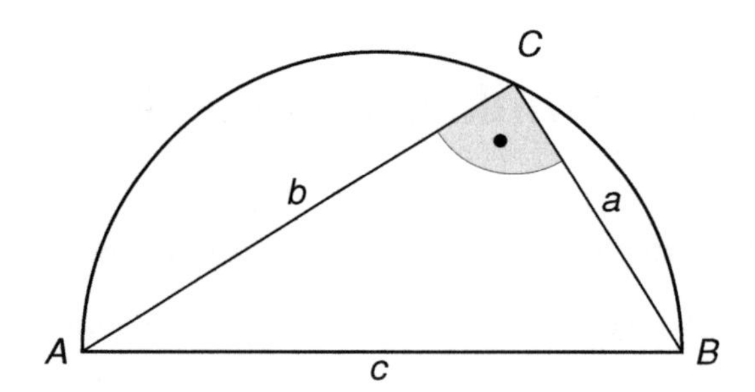

6.2 Konstruktion durch Pythagoras

Sehr viel schneller ist der rechnerische Weg über den Satz des Pythagoras. Wir erinnern uns:

> **Satz des Pythagoras**
>
> $$a^2 + b^2 = c^2$$

In unserem Beispiel oben würden wir für die Kathete b also folgendes errechnen:

$$\begin{aligned}
 & (4\text{ cm})^2 + b^2 &=& (7\text{ cm})^2 && \mid -(4\text{ cm})^2 \\
\Leftrightarrow\; & b^2 &=& (7\text{ cm})^2 - (4\text{ cm})^2 && \\
\Leftrightarrow\; & b^2 &=& 33\text{ cm}^2 && \mid\sqrt{} \\
\Rightarrow\; & b &\approx& 5{,}74\text{ cm} &&
\end{aligned}$$

Somit sparen wir uns die aufwendige Zeichenarbeit und können die Katheten direkt im 90° Winkel zueinander zeichnen und mit der Hypotenuse c verbinden.

6.3 Die drei trigonometrischen Grundfunktionen

Die wohl bekanntesten und elementarsten Funktionen der Trigonometrie sind der Sinus, Kosinus (oft auch Cosinus geschrieben) und Tangens (sowie deren Umkehrfunktionen).

Übersicht

- Sinus: $\sin(\alpha) = \frac{\text{Gegenkathete}}{\text{Hypotenuse}}$
- Kosinus: $\cos(\alpha) = \frac{\text{Ankathete}}{\text{Hypotenuse}}$
- Tangens: $\tan(\alpha) = \frac{\text{Gegenkathete}}{\text{Ankathete}} = \frac{\sin(\alpha)}{\cos(\alpha)}$

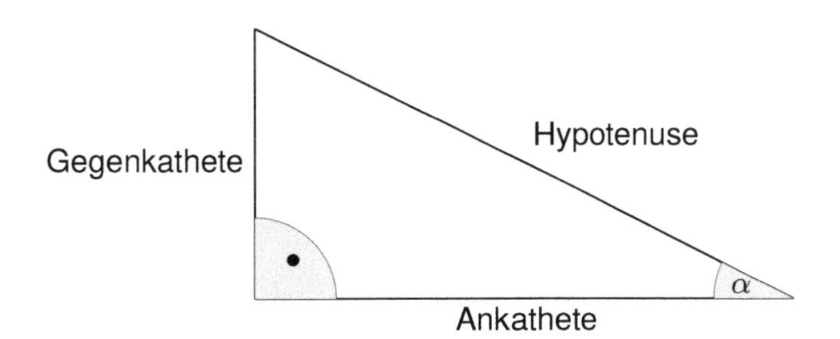

Mit Hilfe der obigen Zusammenhänge ergibt sich der Vorteil, dass wir nicht mehr von zwei Seitenlängen abhängig sind, um die fehlende Seite zu bestimmen, wie es bei dem Satz des Pythagoras der Fall ist. Es reicht, wenn wir einen Winkel und eine beliebige Seitenlänge des rechtwinkligen Dreiecks kennen .

Über die Umkehrfunktionen des Sinus, Kosinus und Tangens (arcsin, arccos, arctan bzw. $\sin^{-1}, \cos^{-1}, \tan^{-1}$) können wir auch die Winkel des Dreiecks berechnen, solange wir zwei Informationen haben. Das können zwei Seitenlängen oder auch eine Seitenlänge und ein Winkel sein.

Schauen wir uns dazu einige **Beispiele** an:

1. Berechne die Hypotenuse c und die Gegenkathete a.
Gegeben: Ankathete $b = 4$ cm, Winkel $\alpha = 30°$

Wir haben die Informationen Ankathete und Winkel, also nutzen wir den Kosinus, um die Hypotenuse zu bestimmen:

$$\cos(30°) = \frac{4}{c} \Leftrightarrow c = \frac{4}{\cos(30°)} = \frac{8 \cdot \sqrt{3}}{3} \approx 4{,}62 \text{ [cm]}$$

Die Gegenkathete können wir nun sowohl über den Tangens als auch über den Sinus bestimmen:

$$\tan(30°) = \frac{a}{4} \Leftrightarrow a = 4 \cdot \tan(30°) = \frac{4 \cdot \sqrt{3}}{3} \approx 2{,}31 \text{ [cm]} \quad \text{oder}$$
$$\sin(30°) = \frac{a}{\frac{8 \cdot \sqrt{3}}{3}} \Leftrightarrow a = \frac{8 \cdot \sqrt{3}}{3} \cdot \sin(30°) = \frac{4 \cdot \sqrt{3}}{3} \approx 2{,}31 \text{ [cm]}$$

2. Berechne den Winkel α.
Gegeben: Gegenkathete $a = 4$ cm, Hypotenuse $c = 8$ cm

Wir haben die Informationen Gegenkathete und Hypotenuse, also nutzen wir den Sinus, um den gesuchten Winkel zu bestimmen:

$$\sin(\alpha) = \frac{4}{8} = \frac{1}{2} \Leftrightarrow \alpha = \sin^{-1}\left(\frac{1}{2}\right) = 60°$$

Jetzt haben wir gelernt, mit den drei trigonometrischen Grundfunktionen zu rechnen. Doch wie genau sehen die Funktionen aus? Oft macht es Sinn, sich den Verlauf einer Funktion anzuschauen. Auf diese Weise werden unklare Zusammenhänge häufig deutlicher.

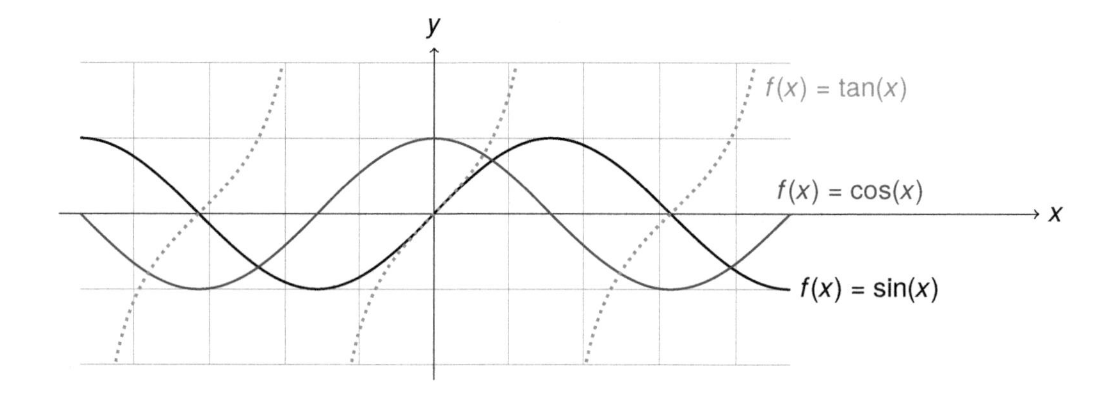

6.4 Sinus, Kosinus und Tangens als Vorteil in geometrischen Anordnungen

Jetzt wissen wir, wie mit Sinus, Kosinus und Tangens vorteilhaft gerechnet werden kann und haben schon eine Vorstellung davon, wie die Funktionen graphisch aussehen (dazu später mehr). Allerdings kommen in der Geometrie nicht immer (rechtwinklige) Dreiecke vor. Wie können wir also die Vorzüge der Trigonometrie weiter nutzen? Schauen wir uns beispielsweise folgendes Parallelogramm an:

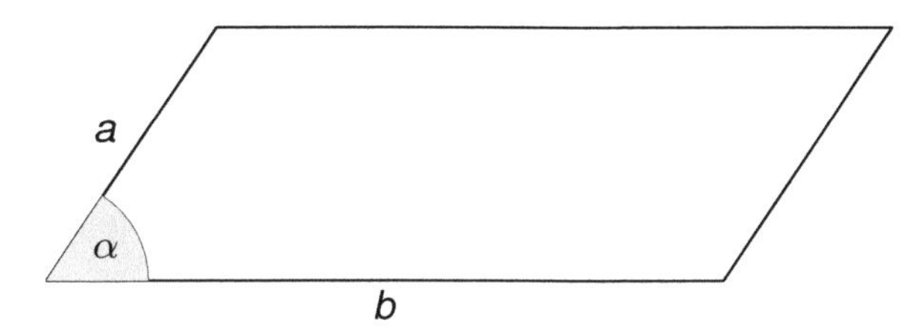

Gegeben sind sowohl die Seitenlängen a und b, als auch der Winkel α. Zu bestimmen sei die Höhe h des Parallelogramms. Bekannt: $a = 4$ cm, $b = 7$ cm, $\alpha = 65°$.

schwieriges Beispiel

1. Zeichnen wir also die Höhe h in unser Parallelogramm. Dabei zeichnen wir sie so ein, dass wir uns ein rechtwinkliges Dreieck in dem Parallelogramm konstruieren:

2. Wir erkennen, dass mit den uns gegebenen Größen (Seitenlänge a und Winkel α) die gesuchte Höhe h über den Sinus bestimmt werden kann. Wir wählen den Sinus, da die Höhe h die entsprechende Gegenkathete zum Winkel α darstellt und die Seitenlänge a die Hypotenuse unseres Dreiecks ist.
   Es gilt:

$$\sin(\alpha) = \frac{h}{a} \Leftrightarrow h = \sin(\alpha) \cdot a = \sin(65°) \cdot 4\text{cm} \approx 3{,}63\text{cm}$$

6.5 Aufgaben

A.6.1. Konstruiere folgende Dreiecke mit Hilfe des Thaleskreises.

a) $c = 10$ cm, $b = 6$ cm b) $c = 9$ cm, $a = 2$ cm c) $b = 4$ cm, $c = 5$ cm

A.6.2. Konstruiere folgende Dreiecke mit Hilfe des Satz des Pythagoras.

a) $c = 5$ cm, $a = 2$ cm b) $c = 14$ cm, $b = 7$ cm c) $c = 8$ cm, $b = 3$ cm

A.6.3. Der Winkel α liegt immer beim Punkt A, während β immer beim Punkt B liegt. Ein rechtwinkeliges Dreieck ist immer so beschriftet wie in dem Kochrezept zur Konstruktion rechtwinkliger Dreiecke dargestellt. In der folgenden Aufgabe sei α immer der Bezugswinkel, das bedeutet falls der Winkel β und die Ankathete a gegeben ist, ist b die Gegenkathete zum Winkel β.

Berechne die fehlende(n) Kathete(n)/Hypotenuse mit Hilfe der trigonometrischen Funktionen.

a) $b = 7$ cm, $\alpha = 40°$ c) $c = 14$ cm, $\alpha = 63°$ e) $c = 23$ cm, $\alpha = 23°$
b) $a = 4$ cm, $\alpha = 25°$ d) $b = 9$ cm, $\beta = 36°$ f) $a = 4$ cm, $\beta = 72°$

A.6.4. Berechne die Höhe h des dargestellten Dreiecks mit Hilfe der trigonometrischen Funktionen.
Bekannt: $f = 5$ cm, $\alpha = 45°$.

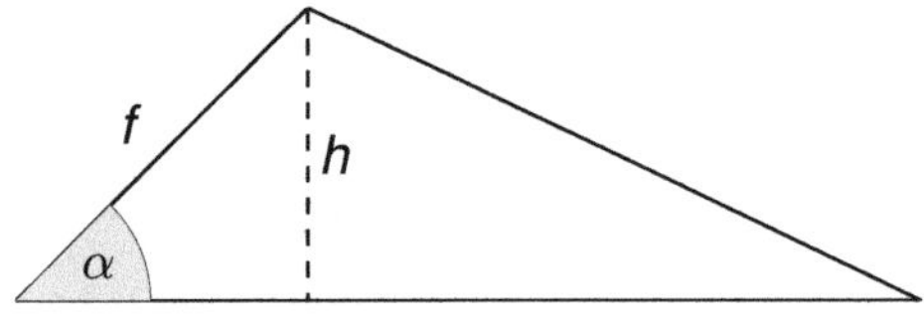

A.6.5. Berechne die Höhe h der nebenstehenden Figur durch Verwendung der trigonometrischen Funktionen. Bekannt:

$f = 25$ cm
$i = 16{,}31$ cm
$\alpha = 66{,}84°$
$\beta = 36{,}87°$

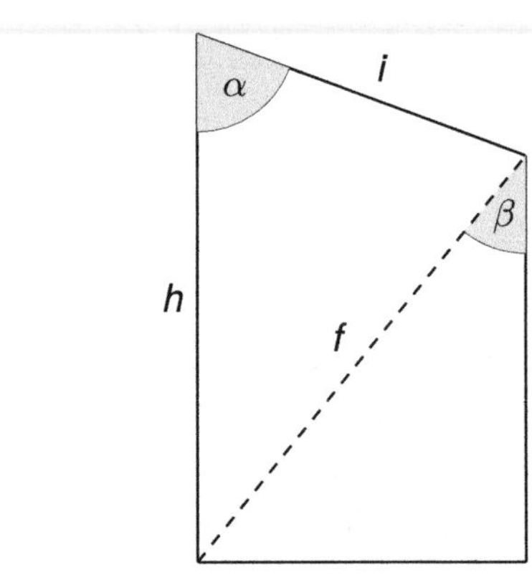

A.6.6. Berechne die Winkel α und β. Bekannt:

$f = 3{,}16$ cm
$g = 2{,}24$ cm
$j = 7$ cm
$k = 3$ cm

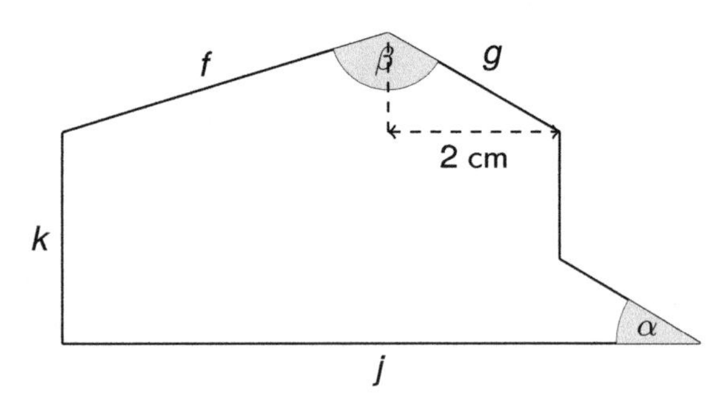

A.6.7. Schwimmer Uwe schwimmt einmal quer zur Strömung zur anderen Seite des Ufers. Die Entfernung von Ufer zu Ufer beträgt 50 Meter. Als er auf der anderen Seite des Ufers ankommt, ist er 12 Meter weit nach unten abgetrieben. In welchem Winkel ist Uwe also zur anderen Seite geschwommen?

7 Ohmsches Gesetz

7.1 Grundlagen

Das Ohmsche Gesetz gilt als wohl wichtigste Grundlage der Elektrotechnik. Mit diesem Gesetz wird der Zusammenhang zwischen Spannung, Strom und Widerstand dargestellt.

> **Ohmsches Gesetz**
>
> $$U = R \cdot I$$
>
> mit U als Spannung in *Volt* (V), R als Widerstand in *Ohm* (Ω) und I als Strom in *Ampere* (A).

Wenn zum Beispiel an einem Bauteil eine elektrische Spannung angelegt wird, so verändert sich der hindurchfließende elektrische Strom in seiner Stärke proportional zur Spannung.

Beispiel Der Widerstand beträgt 10 Ω und es fließen 5 A. Wie groß ist die Spannung?

$$U = 10\,\Omega \cdot 5\text{ A} = 50\text{ V}.$$

Die Spannung beträgt somit 50 V. Hat man also zwei der drei Größen, kann man damit die dritte Größe berechnen.

Beispiel Hier betrachten wir einen Stromkreis, wobei das Rechteck das Symbol für den Widerstand und der Kreis das Symbol für die Spannungsquelle darstellt. Frage: Wie viel Strom fließt in diesem Stromkreis?

Hierfür verwenden wir das Ohmsche Gesetz und stellen die Formel nach der gesuchten Größe I um:

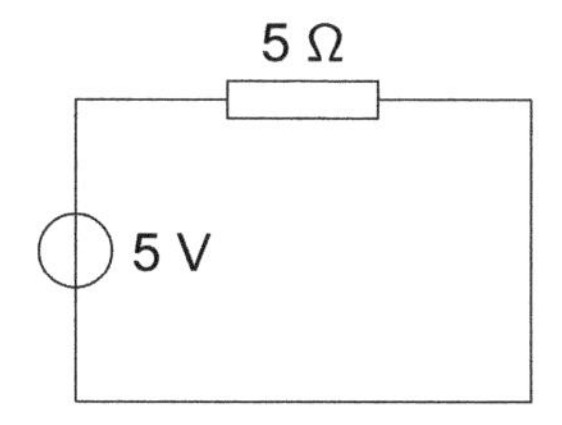

$$U = R \cdot I \Leftrightarrow I = \frac{U}{R}$$

$$\Rightarrow I = \frac{5\text{ V}}{10\,\Omega} = 0{,}5\text{ A}$$

Demnach fließen 0,5 A in dem Stromkreis.

7.2 Reihen- und Parallelschaltung

Im folgenden schauen wir uns an, welche Auswirkungen sich durch die Reihen- und Parallelschaltung mehrerer Widerstände ergeben.

7.2.1 Reihenschaltung

Bei einer Reihenschaltung von n Widerständen ist der Gesamtwiderstand $R_{ges.}$ die Summe aller Einzelwiderstände $R_1, R_2 \dots R_n$. Wir halten fest:

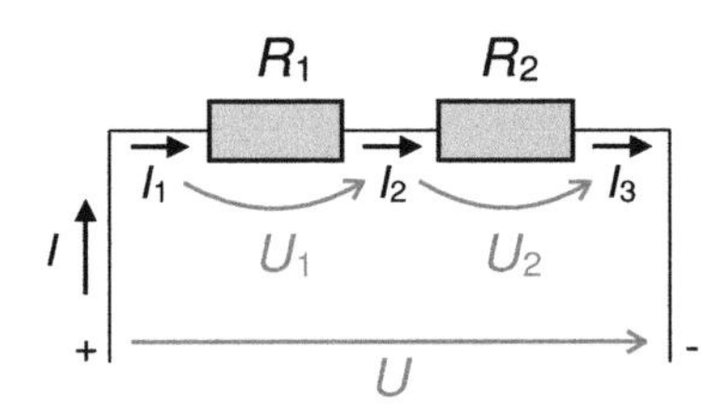

- alle Widerstände liegen in einer Leitung hintereinander
- der gleiche Strom fließt durch alle Widerstände

In diesem Zusammenhang gilt:

- Gesamtspannung: $U = U_1 + U_2 + \dots + U_n$
- Gesamtstrom: $I = I_1 = I_2 = \dots = I_n$
- Gesamtwiderstand: $R_{ges.} = R_1 + R_2 + \dots R_n$

Reihen- und Parallelschaltung

Beispiel Die Einzelwiderstände $R_1 = 40\ \Omega$ und $R_2 = 60\ \Omega$ werden in Reihe geschaltet und liegen an einer Gesamtspannung $U = 230$ V. Gesucht sind

a) der Gesamtwiderstand R

$$R_{ges.} = R_1 + R_2 = 40\ \Omega + 60\ \Omega = 100\ \Omega$$

b) der Gesamtstrom I

$$I = \frac{U}{R_{ges.}} = \frac{230\ \text{V}}{100\ \Omega} = 2{,}3\ \text{A}$$

b) die Teilspannungen U_1 und U_2

$$U_1 = I \cdot R_1 = 2{,}3\ \text{A} \cdot 40\ \Omega = 92\ \text{V} \quad \text{bzw.} \quad U_2 = I \cdot R_2 = 2{,}3\ \text{A} \cdot 60\ \Omega = 138\ \text{V}$$

7.2.2 Parallelschaltung

Sind Einzelwiderstände in einem Stromkreis parallel (nebeneinander) angeordnet, bezeichnen wir diese als Parallelschaltung. Bei einer Parallelschaltung von n Widerständen i folgt:

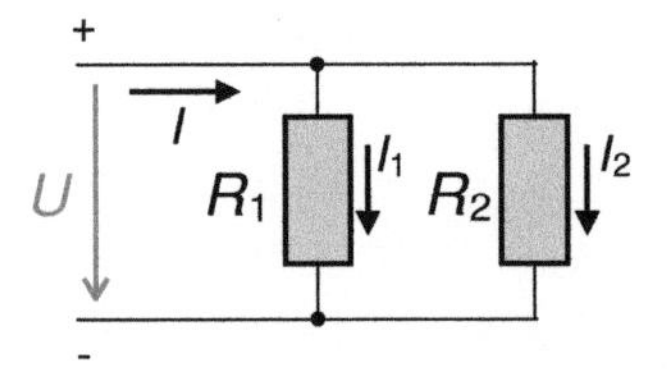

- die Widerstände liegen in einzelnen Leitungen
- über jedem Widerstand liegt die gleiche Spannung an

In diesem Zusammenhang gilt:

- Gesamtspannung: $U = U_1 = U_2 = \cdots = U_n$
- Gesamtstrom: $I = I_1 + I_2 + \cdots + I_n$
- Leitwert und Gesamtleitwert: $G = \frac{1}{R}$ und $G = G_1 + G_2 + \cdots + G_n$
- Kehrwert des Gesamtwiderstandes: $\frac{1}{R_{ges.}} = \frac{1}{R_1} + \frac{1}{R_2} + \ldots \frac{1}{R_n}$
- Gesamtwiderstand für 2 parallele Widerstände: $R_{ges.} = \frac{R_1 \cdot R_2}{R_1 + R_2}$

Beispiel Die Einzelwiderstände $R_1 = 4\,\Omega$ und $R_2 = 6\,\Omega$ liegen parallel an einer Spannung $U = 12\,\text{V}$. Gesucht sind

a) der Gesamtwiderstand R

$$\frac{1}{R_{ges.}} = \frac{1}{R_1} + \frac{1}{R_2} = \frac{R_1 \cdot R_2}{R_1 + R_2} = \frac{4 \cdot 6}{4 + 6}\,\Omega = 2{,}4\,\Omega$$

b) der Gesamtstrom I

$$I = \frac{U}{R_{ges.}} = \frac{12\,\text{V}}{2{,}4\,\Omega} = 5\,\text{A}$$

b) die Teilströme I_1 und I_2

$$I_1 = \frac{U}{R_1} = \frac{12\,\text{V}}{4\,\Omega} = 3\,\text{A} \quad \text{bzw.} \quad I_2 = \frac{U}{R_2} = \frac{12\,\text{V}}{6\,\Omega} = 2\,\text{A}$$

7.2.3 Gemischte Schaltung

In diesem Abschnitt lernen wir nichts neues mehr, sondern wenden das gelernte Wissen aus den oberen Abschnitten an. In der Regel ist es nämlich so, dass nicht eine reine Reihen- oder Parallelschaltung vorliegt, sondern eine Kombination dieser Schaltungen. Diese Kombination bezeichnen wir als gemischte Schaltungen.

gemischte Schaltung

Beispiel

Gegeben sind die Widerstände $R_1 = 220\,\Omega, R_2 = 40\,\Omega, R_3 = 10\,\Omega$ und $R_4 = 30\,\Omega$, welche im nebenstehenden Schaltbild dargestellt sind. Die Widerstände liegen an einer Gesamtspannung mit 24 V an.

Gesucht sind

a) der Gesamtwiderstand $R_{ges.}$

Da hier sowohl Reihen- als auch eine Parallelschaltung vorliegen, sollten wir schrittweise vorgehen, um den gesuchten Gesamtwiderstand zu bestimmen.

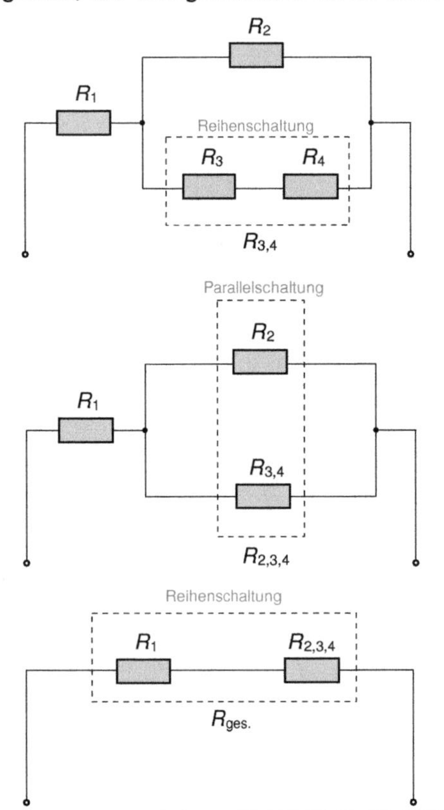

Schritt 1: Reihenschaltung bei R_3 und R_4

Wir erkennen die Reihenschaltung wie im Schaltbild dargestellt und fassen diese zu $R_{3,4}$ zusammen:

$$R_{3,4} = R_3 + R_4 = 10\ \Omega + 30\ \Omega = 40\ \Omega$$

Schritt 2: Parallelschaltung bei R_2 und $R_{3,4}$
Wir erkennen die Parallelschaltung wie im Schaltbild dargestellt und fassen diese zu $R_{2,3,4}$ zusammen:

$$R_{2,3,4} = \frac{R_{3,4} \cdot R_2}{R_{3,4} + R_2} = \frac{40\ \Omega \cdot 40\ \Omega}{40\ \Omega + 40\ \Omega} = 20\ \Omega$$

Schritt 3: Reihenschaltung bei R_1 und $R_{2,3,4}$
Wir erkennen die Reihenschaltung wie im Schaltbild dargestellt und fassen diese zu $R_{ges.}$ zusammen:

$$R_{ges.} = R_1 + R_{2,3,4} = 220\ \Omega + 20\ \Omega = 240\ \Omega$$

b) der Gesamtleitwert G

$$G = \frac{1}{R_{ges.}} = \frac{1}{240\ \Omega} = 0{,}00417\ \text{S}$$

c) der Gesamtstrom I

$$I = \frac{U}{R_{ges.}} = \frac{24\ \text{V}}{240\ \Omega} = 100\ \text{mA}$$

7.3 Aufgaben

A.7.1. Berechnen jeweils die fehlende Größe:

a) $U = 230\text{V}, I = 0{,}5\text{A}, R?$ b) $U?, I = 0{,}2\text{A}, R = 1000\Omega$ c) $U = 42\text{V}, I?, R = 200\Omega$

A.7.2. Welche der folgenden Aussagen ist wahr?

a) Je größer die Spannung, umso größer die Stromstärke.

b) Je kleiner der Widerstand, umso kleiner die Stromstärke.

c) Soll die Stromstärke konstant bleiben, so muss bei einer Spannungserhöhung der Widerstand ebenfalls erhöht werden.

8 Flächenberechnung

Nachfolgend seht ihr die wichtigsten Figuren mit ihren Eigenschaften und den dazugehörigen Formeln. Hinweis: Der Umfang U ist die Summe aller außenliegenden Seiten.

Übersicht

8.1 Wichtige Figuren

Quadrat

Eigenschaften:

- Alle Seiten sind gleich lang.
- $\alpha = \beta = \gamma = \delta = 90°$
- Winkelsumme: $\alpha + \beta + \gamma + \delta = 360°$

Formeln:

Umfang: $U = 4 \cdot a$

Flächeninhalt: $A = a \cdot a = a^2$

Diagonale: $d = a \cdot \sqrt{2}$

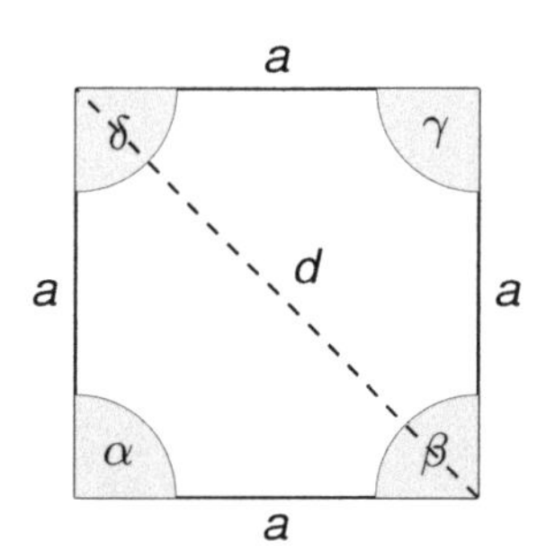

Rechteck

Eigenschaften:

- Die jeweils gegenüberliegenden Seiten sind gleich lang.
- $\alpha = \beta = \gamma = \delta = 90°$
- Winkelsumme: $\alpha + \beta + \gamma + \delta = 360°$

Formeln:

Umfang: $U = 2 \cdot a + 2 \cdot b$

Flächeninhalt: $A = a \cdot b$

Diagonale: $d = \sqrt{a^2 + b^2}$

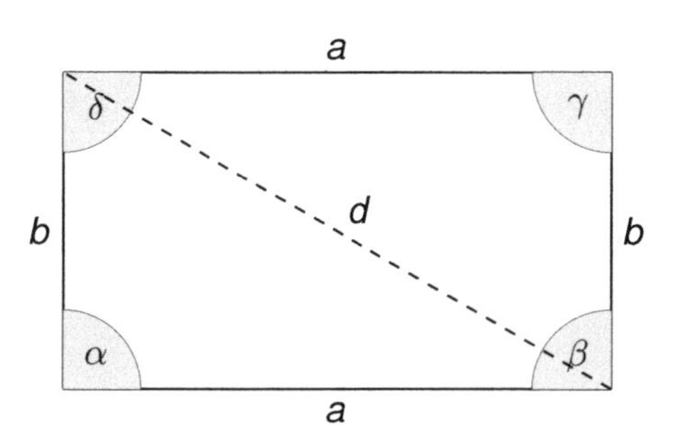

Trapez

Eigenschaften:

- $a \parallel c$
- Winkelsumme: $\alpha + \beta + \gamma + \delta = 360°$

Formeln:

Umfang: $U = a + b + c + d$

Flächeninhalt: $A = \dfrac{(a + c) \cdot h}{2} = \dfrac{1}{2} \cdot (a + c) \cdot h$

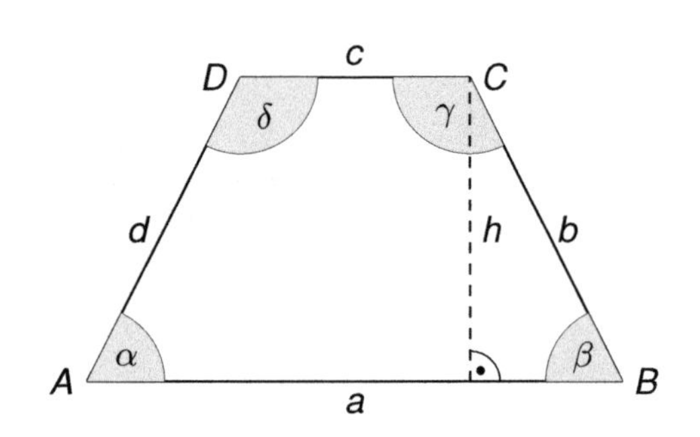

Parallelogramm

Eigenschaften:

- $a \parallel c$
- $b \parallel d$
- Winkelsumme: $\alpha + \beta + \gamma + \delta = 360°$

Formeln:

Umfang: $U = a + b + c + d$

Flächeninhalt: $A = g \cdot h$

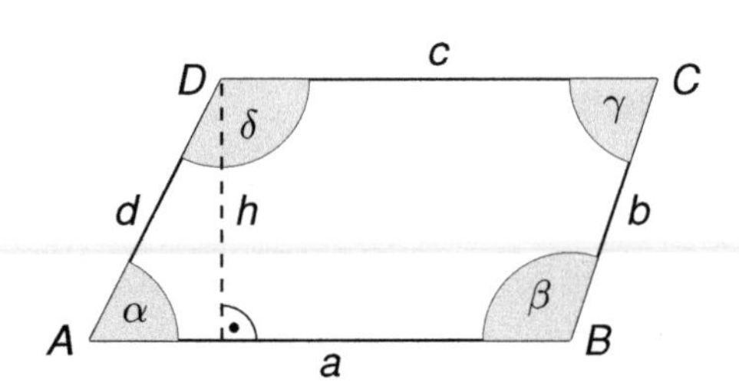

Dreieck

Eigenschaften:

- Winkelsumme: $\alpha + \beta + \gamma = 180°$

Formeln:

Umfang: $U = a + b + c$

Flächeninhalt: $A = \dfrac{1}{2} \cdot g \cdot h$

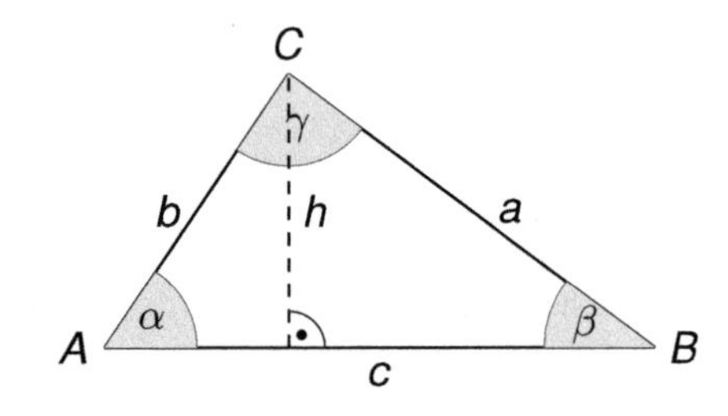

Hinweis zum Flächeninhalt: Grundseite und Höhe müssen senkrecht zueinander liegen. In unserem Fall wäre die Grundseite beim Dreieck die Seite *c* und beim Parallelogramm die Seite *a*.

Kreis

Eigenschaften:

- Alle Punkte eines Kreises haben den gleichen Abstand r (Radius) vom Mittelpunkt M.

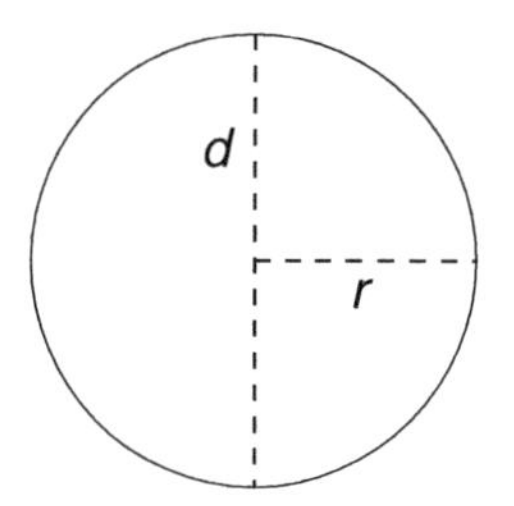

Formeln:

Durchmesser: $d = 2 \cdot r$

Umfang: $U = 2 \cdot \pi \cdot r = \pi \cdot d$

Flächeninhalt: $A = \pi \cdot r^2$

Zusammengesetzte Flächen

Natürlich kann es auch passieren, dass unterschiedliche Flächen miteinander kombiniert werden. Eure Aufgabe ist es in diesem Fall, selbstständig eine sinnvolle Unterteilung in euch bekannte Flächen durchzuführen. Dazu wollen wir uns das folgende Beispiel einmal angucken:

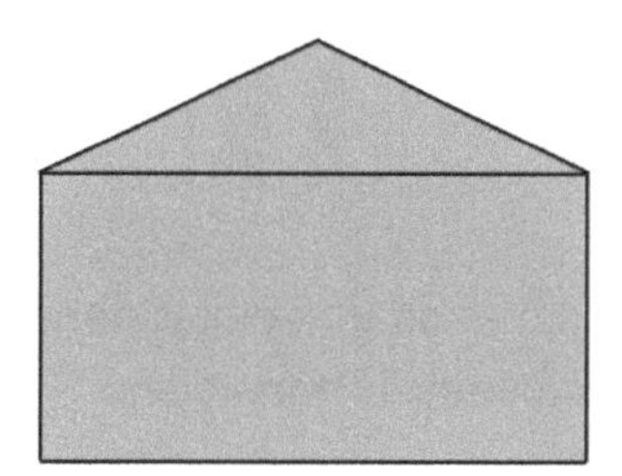

Um eine solche Fläche berechnen zu können, ist es nötig, diese vorher zu unterteilen. Hier kann das auf zwei verschieden Arten passieren.

Wie auf dem Bild oben zu sehen ist, haben wir die Fläche in uns zwei bekannte Flächen unterteilt, zum einen in ein Dreieck und zum anderen in ein Rechteck. Für diese beiden Flächen können wir nun die uns bekannten Formeln zur Berechnung anwenden.

Es gibt auch noch eine weitere Möglichkeit der Unterteilung.

In diesem Fall haben wir die Fläche in zwei gleich große Trapeze unterteilt, deren Flächeninhalt wir nun wieder mit der uns bekannten Formel berechnen können.

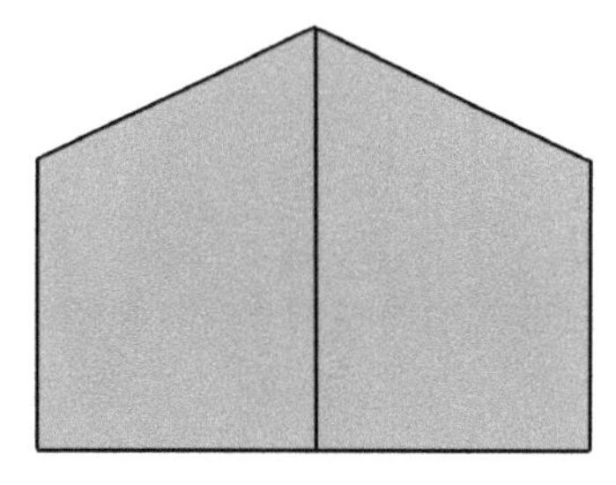

8.2 Aufgaben

A.8.1.

a) Bestimme den Flächeninhalt des Parallelogramms mit Seiten $a = 6$ und $h = 3$.

b) Gesucht ist die Fläche und der Umfang eines gleichschenkligen Dreiecks mit der Grundseite $a = 4$ und der Höhe $h = 4$. (Tipp: Satz des Pythagoras)

c) Gegeben ist ein rechtwinkliges Dreieck mit Kathete $a = 3$ und Hypotenuse $c = 5$. Berechne die fehlende Seite b.

d) Bestimme den Flächeninhalt des Trapezes mit $a = 8$ cm, $c = 2$ cm und Höhe $h = 7$ cm.

e) Bestimme die Länge der Seite b eines Rechtecks, wenn der Flächeninhalt $A = 27$ und die Seite $a = 9$ beträgt.

f) Berechne die Fläche und die Länge der Dachschräge des Hauses vom Nikolaus, welches eine Grundseite von 6 cm hat. Dabei ist die Höhe des Daches ebenfalls 6 cm.

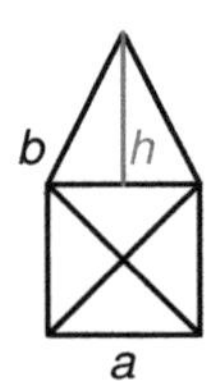

A.8.2.

a) Wir schauen uns ein Tortenstück aus dem obigen Beispiel an und uns interessiert der Umfang dieses Tortenstücks.

b) Wir betrachten einen Kreisring mit innerem Radius $r_1 = 2$ cm und äußerem Radius $r_2 = 4$ cm. Berechne die graue Fläche.

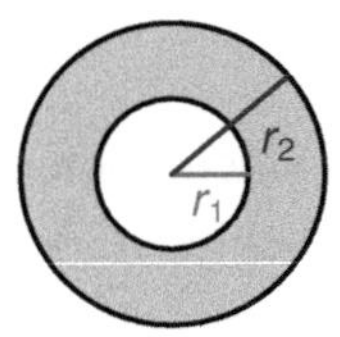

c) Bestimme den Flächeninhalt zwischen einem Quadrat mit Seitenlänge $a = 2$ und einem hineingezeichneten Kreis mit Radius $r = 1$.

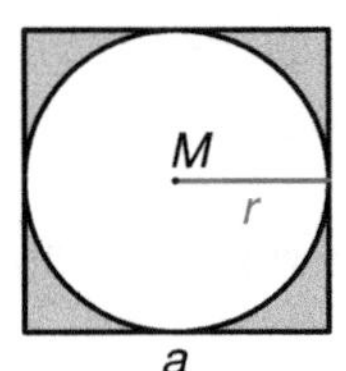

9 Formeln anwenden

Durch das Anwenden von Formeln erleichtern wir uns das Rechnen um ein Vielfaches. Denn jedes Mal alle Zusammenhänge herzuleiten dauert einfach zu lange. Bisher haben wir auch schon viel mit Formeln gerechnet: Binomische Formeln, *pq*-Formel, Flächeninhalt von Dreiecken und vieles mehr.

In diesem Kapitel schauen wir uns vor allem an, wie wir Formeln nutzen, umstellen und verknüpfen können, um fehlende Größen zu berechnen.

9.1 Formeln aufstellen

Als erstes sollten wir lernen, Formeln überhaupt aufzustellen. Meistens sind die nötigen Informationen dazu im Text gegeben. Schauen wir uns am besten gleich ein **Beispiel** an.

Gleichung aus Text aufstellen

Bäcker Heinz möchte ausrechnen, wie viel Gewinn er mit seinem Brötchenverkauf pro Tag macht. Hierzu hat er genau aufgeschrieben, welche Kosten jeden Tag anfallen. Die Stromkosten für den Ofen betragen 20 Euro. Pro verkauftem Brötchen erzielt Heinz einen Gewinn von 0,25 Euro.

Stellen wir also eine Formel auf, welche Heinz' Kosten und Einnahmen abbildet. Wir wissen nicht, wie viele Brötchen Heinz verkaufen wird und demnach wissen wir auch nicht, wie viel Gewinn oder Verlust er macht. Also definieren wir:

Anzahl der verkauften Brötchen: x
Gewinn/Verlust: y

Damit können wir schon Heinz' Umsatz, also das was er pro Tag einnimmt, als Formel darstellen:

$$y_E = 0{,}25 \cdot x \text{ [Euro]}$$

Verkauft Heinz bspw. $x = 100$ Brötchen, macht er einen Umsatz von $y_E = 25$ Euro. Allerdings haben wir noch nicht beachtet, dass täglich 20 Euro pauschal für Strom anfallen. Diese Information müssen wir noch einbringen, also lautet unsere fertige Formel:

$$y = 0{,}25 \cdot x - 20 \text{ [Euro]}$$

Damit haben wir Heinz' Gewinnfunktion vollständig angegeben.

9.2 Formeln umstellen

Natürlich möchten wir unsere Formel auch nutzen, um weitere interessante Informationen zu ermitteln. Zum Beispiel wie hoch Heinz' Gewinn bei 50 verkauften Brötchen ist oder wann er einen Tagesgewinn von 100 Euro erzielt, etc. Schauen wir hierzu wieder in unser **Beispiel**.

Nachdem Heinz die Formel für seine Gewinnberechnung pro Tag kennt, rechnet er gleich los und schaut sich an, welchen Gewinn er bei $10, 50, 100, \ldots$ verkauften Brötchen erzielt. Jedoch fragt er sich, wie viele Brötchen er mindestens verkaufen muss, um keinen Verlust zu machen.

Was muss Heinz also nun tun?

Tragen wir unsere Informationen zusammen:
Wir kennen bereits die Formel für den Gewinn. Außerdem wissen wir, dass Heinz keinen Verlust machen möchte. Es möchte also mindestens einen Gewinn von 0 Euro erzielen. Es gilt:

$$y = 0 \text{ [Euro]}$$

Diese Information setzen wir in unsere Formel ein und stellen nach x um:

$$\begin{aligned} 0 &= 0{,}25 \cdot x - 20 && \mid +20 \\ \Leftrightarrow \quad 20 &= 0{,}25 \cdot x && \mid : 0{,}25 \text{ (oder } \cdot 4) \\ \Leftrightarrow \quad 80 &= x \end{aligned}$$

Nach dem Verkauf von 80 Brötchen macht Bäcker Heinz keinen Verlust mehr.

Das Ganze funktioniert natürlich auch für Formeln, die bereits bekannt sind. Nehmen wir dazu ein **Beispiel** aus der Geometrie.

Gegeben sei ein Dreieck mit der Grundseite $g = 5$ cm und dem Flächeninhalt $A = 7{,}5$ cm^2. Welche Höhe h hat das Dreieck?

Wir kennen die Formel für den Flächeninhalt eines Dreiecks. Stellen wir die Formel nach h um und setzen anschließend die gegeben Werte ein, erhalten wir:

$$A = \frac{g \cdot h}{2} \quad \Big| \cdot \frac{2}{g} \quad \Leftrightarrow \quad h = \frac{2 \cdot A}{g} = \frac{2 \cdot 7{,}5}{5} = 3 \text{ [cm]}$$

9.3 Formeln zusammensetzen/aufteilen

Je komplexer die Problemstellung wird, desto mehr Einzelformeln haben wir meistens, die sich aber alle zusammenführen lassen. Andersherum kann man aus einer Formel mehrere Teilinformationen erhalten. Schauen wir uns hierzu wieder zwei **Beispiele** an.

Bäcker Heinz möchte nun seine Finanzen genauer anschauen und zwei einzelne Formeln für die Kosten sowie für den Umsatz allgemein aufstellen. Bisher hat er in seinen Berechnungen nirgends die Kosten für die Brötchenzutaten erfasst. Durchschnittlich kostet ihn ein Brötchen 0,07 Euro.

Unsere Gewinnformel hat bereits alle Informationen erfasst. Doch nun wollen wir wissen, wie viel Heinz einerseits einnimmt und wie viel er andererseits ausgibt.

Kosten:	20 Euro pro Tag (Fixkosten für Ofenbetrieb)
	0,07 Euro pro Brötchen (Zutaten)
Einnahmen:	0,25 + 0,07 = 0,32 Euro pro Brötchen (Verkaufspreis)

Stellen wir nun die Kosten- (K) und Umsatzgleichung (U) auf:

$$K = 0{,}07 \cdot x + 20 \text{ [Euro]}$$
$$U = 0{,}32 \cdot x \text{ [Euro]}$$

Wir sehen nun, dass wenn wir $G = U - K$ rechnen, sich daraus der bereits errechnete Gewinn G ergibt:

$$G = U - K = 0{,}32 \cdot x - (0{,}07 \cdot x + 20) = 0{,}25 \cdot x - 20 \text{ [Euro]}$$

Wir schauen uns noch ein weiteres **Beispiel** aus der Geometrie an, in dem wir nicht um die Zusammenführung mehrerer Formeln kommen.

Beispiel: Der Flächeninhalt der gegebenen Figur soll berechnet werden. Offensichtlich ergibt sich dieses „Haus" aus einem Quadrat und einem Dreieck. Allerdings müssen wir von der Summe der beiden Formen noch einen Kreis abziehen. Wir schauen uns zunächst die Formeln der Flächeninhalte an und führen diese dann abschließend zusammen:

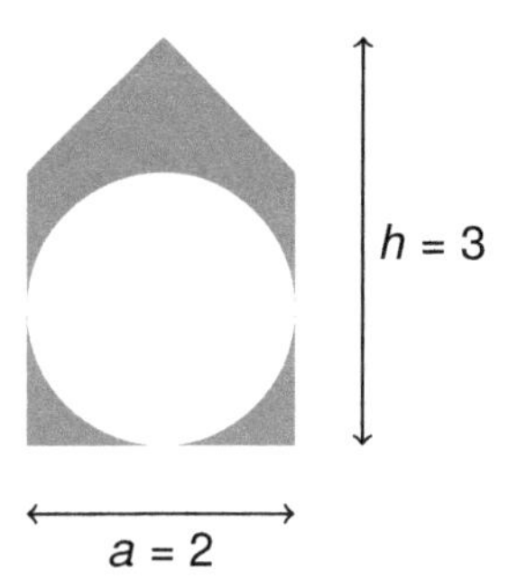

Quadrat:	$A_Q = a \cdot a = 2 \cdot 2 = 4$ [FE]
Dreieck:	mit $h = 3 - 2 = 1$ folgt $A_D = \frac{1}{2} \cdot g \cdot h = \frac{1}{2} \cdot a \cdot h = \frac{1}{2} \cdot 2 \cdot 1 = 1$ [FE]
Kreis:	mit $r = \frac{a}{2} = 1$ folgt $A_K = \pi \cdot r^2 = \pi \cdot 1^2 \approx 3{,}14$ [FE]

Der gesuchte Flächeninhalt lautet:

$$A_{ges.} = A_Q + A_D - A_K = (4 + 1 - 3{,}14) = 1{,}86 \text{ [FE]}$$

9.4 Aufgaben

A.9.1. Peter hat ein neues Getränk erfunden, welches er in 0,5 Liter-Flaschen abfüllen möchte. Allerdings fehlen ihm die nötigen Maschinen, um seine Getränke automatisiert herstellen zu lassen.

Dafür mietet sich Peter eine Produktionshalle, welche ihn 3.700 Euro/Monat kostet. Außerdem zahlt er pro Flasche ohne Inhalt 6 Cent. Die Zutaten sowie die Herstellung pro Liter kosten ihn 16 Cent. Der Transport und Vertrieb pro Flasche liegt im Schnitt bei 12 Cent. Er verkauft die Flasche zu einem Preis von 2,50 Euro.

a) Stelle eine Funktion auf, welche die Ausgaben von Peter pro [Monat; Jahr] abhängig von allen Kostenfaktoren angibt.

b) Stelle eine Funktion auf, die Peters Umsatz angibt.

c) Benutze deine Ergebnisse aus a) und b) um eine Gewinnfunktion für Peters Geschäft aufzustellen [Monat; Jahr].

d) Ab wie vielen verkauften Flaschen macht Peter tatsächlich Gewinn mit seinem Verkauf [Monat; Jahr]?

A.9.2. Jasmin ist abends mit dem Taxi aus der Innenstadt nach Hause gefahren. Bis zu ihr waren es 12 km. Die Taxifahrt dauerte 15 Minuten. Jede Taxifahrt hat eine Grundgebühr von 4 Euro. Darüber hinaus hatte Jasmin in diesem Taxi die Möglichkeit vorher zu entscheiden ob sie entweder nach Zeit oder nach gefahrenen Kilometern bezahlen möchte. Jeder gefahrene Kilometer kostet 1,10 Euro, jede angefangene Minute kostet 0,95 Euro. Jasmin hat sich für die Kilometervariante entschieden.

a) Stelle jeweils eine Funktion für die Taxikosten in Abhängigkeit von der Zeit und in Abhängigkeit von der Entfernung auf.

b) Wie viel hat Jasmin für die Taxifahrt zahlen müssen?

c) Welche Variante ist in Jasmins Fall die kostengünstigere?

10 Körperberechnung

In diesem Kapitel wollen wir uns dreidimensionale Figuren anschauen. Oft sind wir am Volumen oder an bestimmten Flächen dieser Figuren interessiert. Obwohl es viele unterschiedliche Figuren gibt, folgt die Berechnung der Größen meist einem bestimmten Muster. Das Volumen beispielsweise setzt sich zusammen aus der Grundfläche und der Höhe. Oberflächen hingegen ergeben sich aus der Summe der Teilflächen. Meist können wir die Einzelteile mit Hilfe der bereits gelernten Methoden berechnen.

Übersicht Körper

10.1 Prismen

Ein Prisma ist eine dreidimensionale geometrische Figur. Du kannst dir vorstellen, dass wir ein Vieleck, welches hier die Grundfläche bildet, auf eine bestimmte Höhe aufziehen. Um das **Volumen** zu bestimmen, ermitteln wir den Flächeninhalt der Grundfläche und multiplizieren diesen mit der Höhe h. Dazu benötigen wir die bereits bekannten Flächeninhaltsformeln aus dem vorherigen Kapitel.

Prisma

Volumen von Prismen

$$V = G \cdot h$$

Beispiel

Wir betrachten ein Prisma mit einer trapezförmigen Grundfläche mit den parallelen Seiten $a = 5$ und $c = 3$ und der Höhe $g = 2$. Die Höhe des Prismas sei gegeben durch $h = 7$.

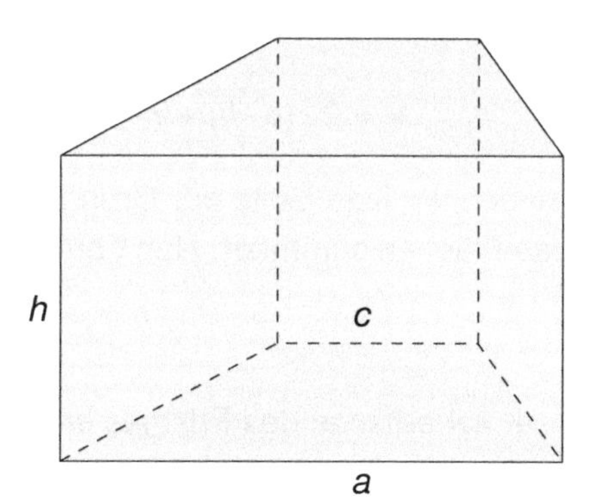

Wir berechnen das Volumen des Prismas mit Hilfe der Flächenformel für ein Trapez.

$$V = G \cdot h = \underbrace{\left(\frac{a+c}{2} \cdot g\right)}_{\text{Fläche des Trapez}} \cdot h = \left(\frac{5+3}{2} \cdot 2\right) \cdot 7 = 4 \cdot 2 \cdot 7 = 56 \text{ [VE]}$$

Somit beträgt das Volumen des Prisma 56 Volumeneinheiten.

Haben wir andere Grundflächen, so nutzen wir einfach die passende Formel und rechnen anschließend das Volumen aus.

Nun bestimmen wir die **Oberfläche** des Prismas. Dazu benötigen wir zunächst die Mantelfläche. Der **Mantel** M die Summe aller Seitenflächen, ohne die Grundfläche. Somit ergibt sich:

Oberfläche von Prismen

$$O = M + 2 \cdot G$$

Beispiel

Wir betrachten ein Prisma mit einer rechteckigen Grundfläche, welches die Seitenlängen $a = 2$ und $b = 4$ hat. Die Höhe des Prismas sei $h = 2$.

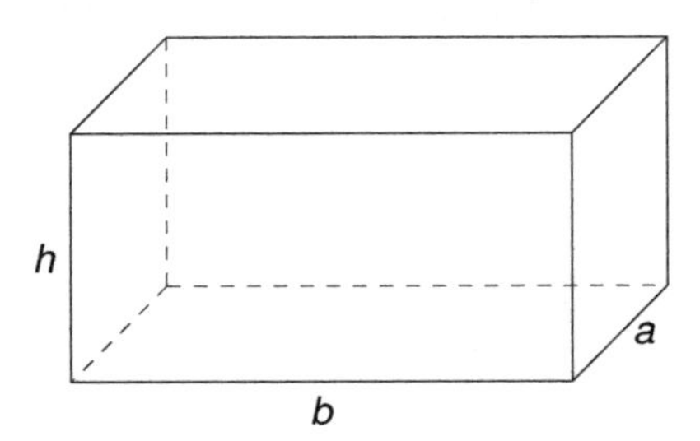

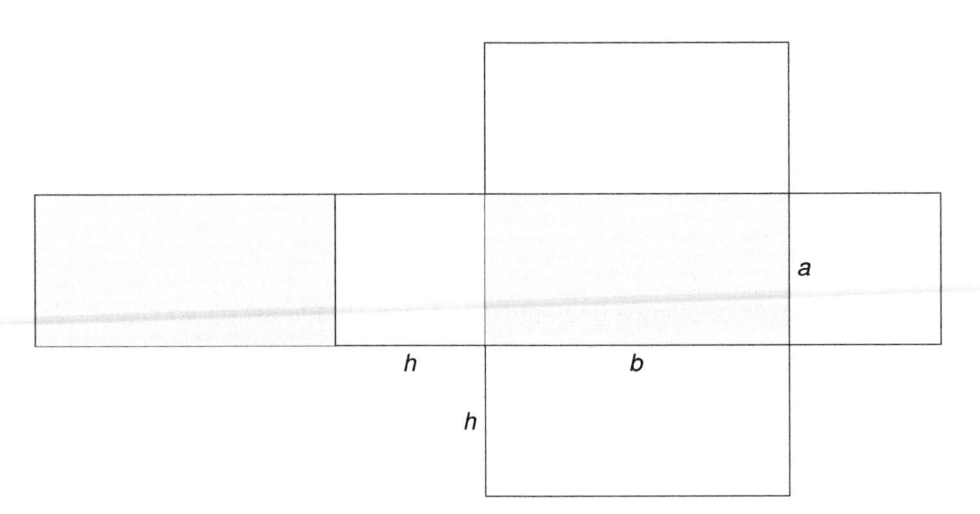

Die nicht grau hinterlegten Flächen stellen die Mantelfläche dar. Die grau hinterlegten Flächen sind die Grundflächen. Wir berechnen zunächst die Mantelfläche:

$$M = 2 \cdot (a \cdot h) + 2 \cdot (b \cdot h) = 2 \cdot (2 \cdot 2) + 2 \cdot (4 \cdot 2) = 8 + 16 = 24 \text{ [FE]}$$

Dabei haben wir jede Seite der Grundfläche einmal mit der Höhe multipliziert und anschließend alle diese Flächen summiert. Nun berechnen wir die Grundfläche:

$$G = a \cdot b = 2 \cdot 4 = 8 \text{ [FE]}$$

Die Gesamtoberfläche des Prismas erhalten wir, indem wir unsere Formel nutzen:

$$O = M + 2 \cdot G = 24 + 2 \cdot 8 = 24 + 16 = 40 \text{ [FE]}$$

Somit hat das Prisma eine Gesamtoberfläche von 40 Flächeneinheiten.

Prismen mit rechteckiger Grundfläche nennen wir auch Quader. Ist die Grundfläche zudem quadratisch, sprechen wir von einem Würfel.

10.2 Pyramiden

Eine Pyramide ist eine dreidimensionale Figur, die im Gegensatz zu einem Prisma nach oben hin spitz zuläuft. Die Grundfläche hingegen kann wie beim Prisma ein beliebiges Vieleck sein.

Pyramide

Volumen einer Pyramide

$$V = \frac{1}{3} \cdot G \cdot h$$

Dabei bezeichnet G wieder die Grundfläche und h die Höhe der Pyramide - also den senkrechten Abstand von der Spitze bis zum Boden.

Beispiel

Gegeben sei eine Pyramide mit quadratischer Grundfläche mit der Seitenlänge $a = 4$ gegeben. Die Höhe der Pyramide betrage $h = 8$.

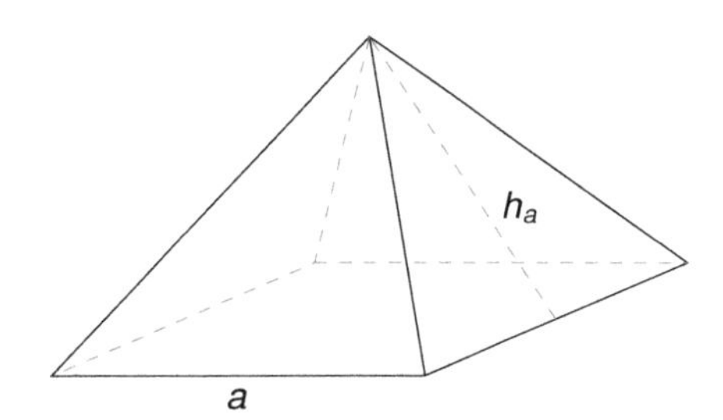

Dann können wir das Volumen mit der obigen Formel berechnen:

$$V = \frac{1}{3} \cdot G \cdot h = \frac{1}{3} \cdot a^2 \cdot h = \frac{1}{3} \cdot 16 \cdot 8 = \frac{128}{3} = 42\frac{2}{3} \approx 42{,}67 \text{ [VE]}$$

Die **Oberfläche** einer Pyramide können wir berechnen, indem wir die Grundfläche und die **Mantelfläche**, also die Summe aller Seitenflächen, addieren.

Oberfläche einer Pyramide

$$O = G + M$$

Hierzu muss die jeweilige Höhe der Seitenfläche bekannt sein oder errechnet werden. Dies wollen wir für eine Pyramide mit quadratischer Grundfläche zeigen.

Beispiel

Gegeben sei die Pyramide aus dem vorherigen Beispiel. Die Dreiecksflächen an den Seiten der Pyramide sind alle gleich groß.

Wir berechnen die Höhe dieses Dreiecks mit Hilfe des Satzes von Pythagoras mit Hypotenuse h_a und Katheten $a = 4$ und $h = 8$. Es gilt:

$$h_a = \sqrt{\left(\frac{a}{2}\right)^2 + h^2}$$
$$= \sqrt{2^2 + 8^2} = \sqrt{4 + 64} = \sqrt{68}$$

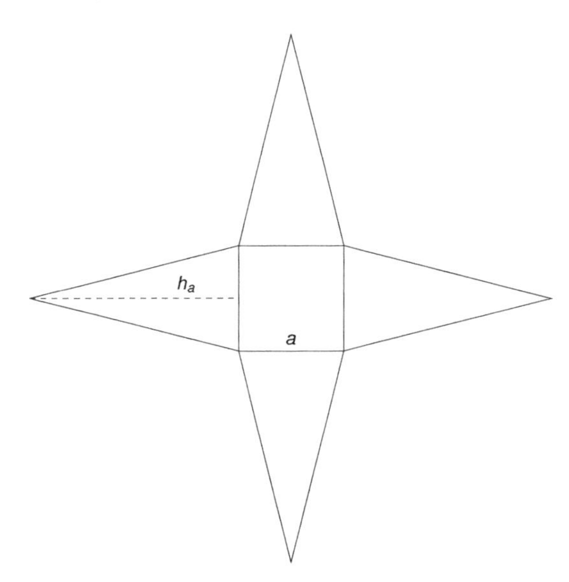

Wir rechnen zunächst mit diesem Wert weiter, um ein genaueres Ergebnis für die Dreiecksfläche zu erhalten. Diese beträgt:

$$A_{Dreieck} = \frac{h_a \cdot a}{2} = \frac{\sqrt{68} \cdot 4}{2} = 2 \cdot \sqrt{68}\ [FE]$$

Da alle Dreiecksflächen gleich groß sind, erhalten wir für die Mantelfläche somit:

$$M = 4 \cdot A_{Dreieck} = 8 \cdot \sqrt{68} \approx 65{,}97\ [FE]$$

Für die Oberfläche ergibt sich damit eine Fläche von:

$$O = G + M \approx a^2 + 65{,}97 = 16 + 65{,}97 = 81{,}97\ [FE]$$

10.3 Zylinder

Zylinder und Kegel

Einen Zylinder können wir uns als ein Prisma mit einer kreisförmigen Grundfläche vorstellen. Daher ändert sich beim **Volumen** auch nicht viel, außer der Formel für die Grundfläche.

Volumen eines Zylinders

$$V = G \cdot h$$

Die Grundfläche G lässt sich wie zuvor durch $G = \pi \cdot r^2$ berechnen, wobei r der Radius der Grundfläche ist und auch als Radius des Zylinders bezeichnet wird.

Beispiel
Es sei ein Zylinder mit Radius $r = 2{,}5$ cm und Höhe $h = 6$ cm gegeben.

Wir berechnen zunächst die Kreisfläche:

$$G = \pi r^2 = \pi \cdot (2{,}5\ \text{cm})^2 = \frac{25}{4}\pi\ \text{cm}^2.$$

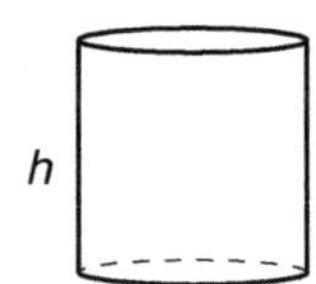

Nun können wir die Volumenformel nutzen und erhalten:

$$V = G \cdot h = \frac{25}{4}\pi\ \text{cm}^2 \cdot 6\ \text{cm} = \frac{75}{2}\pi\ \text{cm}^3 \approx 117{,}81\ \text{cm}^3$$

Das Volumen beträgt etwa 117,81 cm^3.

Die **Oberfläche** des Zylinders lässt sich relativ einfach berechnen. Stellen wir uns vor, dass wir den Mantel des Zylinders abrollen, so erhalten wir ein Rechteck mit der Höhe h des Zylinders und dem Umfang u des Kreises als Seiten.

Mantelfläche eines Zylinders

$$M = u \cdot h$$

Oberfläche eines Zylinders

$$O = 2 \cdot G + M$$

Beispiel
Wir betrachten denselben Zylinder wie im vorherigen Beispiel. Dann gilt für den Umfang:

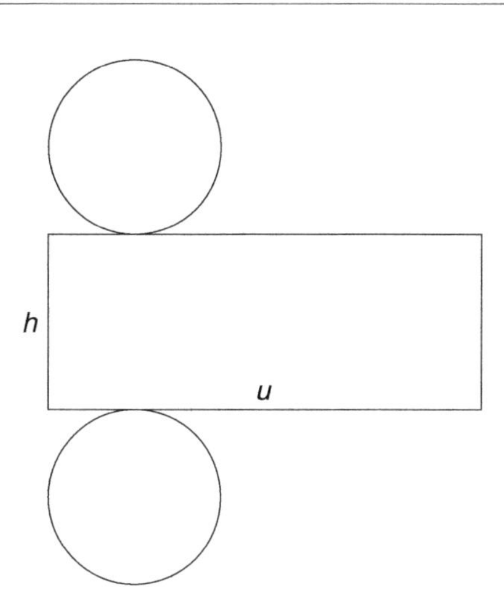

$$u = 2\pi r = 5\pi \text{ cm}$$

Wir können somit die Mantelfläche ausrechnen:

$$M = u \cdot h = 5\pi \text{ cm} \cdot 6 \text{ cm} = 30\pi \text{ cm}^2$$

Mit der Oberflächenformel erhalten wir:

$$O = 2 \cdot G + M = 2 \cdot \frac{25}{4}\pi \text{ cm}^2 + 30\pi \text{ cm}^2 = \frac{85}{2}\pi \text{ cm}^2 \approx 133{,}52 \text{ cm}^2$$

Somit beträgt der Oberflächeninhalt 133,52 cm^2.

10.4 Kegel

Nachdem wir uns nach den Prismen mit Pyramiden auseinandergesetzt haben, ist es nicht verwunderlich, dass es auch für Zylinder eine abgewandelte Figur gibt, die spitz nach oben zuläuft. Diese heißen **Kegel**. Das **Volumen** des Kegels berechnet sich wie das einer Pyramide. Der einzige Unterschied liegt in der Grundfläche, die beim Kegel kreisförmig ist.

Volumen eines Kegels

$$V = \frac{1}{3} G \cdot h$$

Beispiel
Gegeben sei ein Kegel mit dem Radius $r = 3$ m und einer Höhe von $h = 7$ m. Dann errechnen wir das Volumen durch

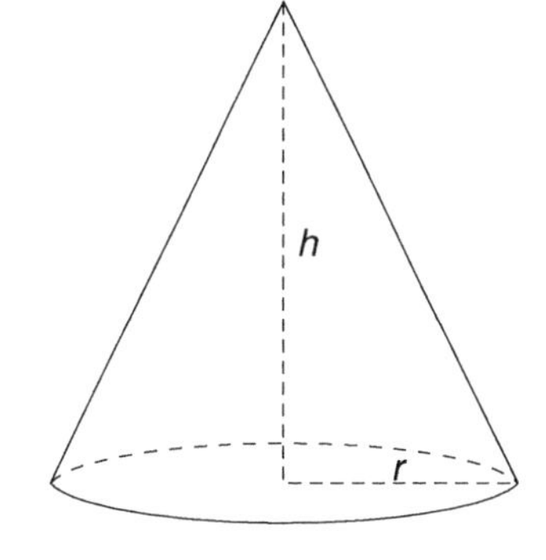

$$V = \frac{1}{3} G \cdot h = \frac{1}{3}\pi r^2 \cdot h = \frac{1}{3}\pi \cdot (3 \text{ m})^2 \cdot 7 \text{ m}$$
$$= 21\pi \text{ m}^3 \approx 65{,}97 \text{ m}^3.$$

10.5 Aufgaben

A.10.1. Berechne das Volumen und die Oberfläche eines Prismas mit...

a) ...rechteckiger Grundfläche, welche die Seitenlängen $a = 3$ cm und $b = 4$ cm hat. Die Höhe beträgt $h = 7$ cm.

b) ...quadratischer Grundfläche, mit der Seitenlänge $a = 5$ cm. Die Höhe des Prismas beträgt $h = 6$ cm.

A.10.2. Berechne das Volumen einer Pyramide mit...

a) ...dreieckiger Grundfläche und Höhe $h = 6$ cm. Das Dreieck hat eine Grundseite $g = 2$ cm und Höhe $h_1 = 4$ cm.

b) ...rechteckiger Grundfläche, mit den Seitenlängen $a = 6$ cm und $b = 11$ cm und Höhe $h = 3$ cm. Berechne auch die Oberfläche der Pyramide.

A.10.3. Bestimme das Volumen und die Oberfläche eines Zylinders mit...

a) ...einem Durchmesser von $d = 9$ cm und einer Höhe von $h = 8$ cm.

b) ...dem Radius $r = 5$ cm und einer Höhe $h = 7{,}5$ cm.

A.10.4. Berechne das Volumen eines Kegels mit...

a) ...dem Radius $r = 3$ cm und einer Höhe von $h = 4$ cm.

b) ...dem Durchmesser $d = 10$ cm und einer Höhe von $h = 9,6$ cm.

11 Hubarbeit

Hubarbeit ist eine Form der mechanischen Arbeit W. Schauen wir uns kurz die mechanische Arbeit allgemein an. Diese Größe ergibt sich aus der konstanten Kraft F und dem Weg s in Richtung dieser Kraft.

Mechanische Arbeit

$$W = F \cdot s$$

Die Einheit der Arbeit beträgt Nm (Newton mal Meter) oder J (Joule).

Beispiel Bestimme die Arbeit bei gegebener Kraft $F = 600$ N und gegebenem Weg $s = 200$ m.

$$W = 600\ \text{N} \cdot 200\ \text{m} = 120000\ \text{J}$$

Aber was bedeutet das jetzt für die Hubarbeit?

Hubarbeit

- wird verrichtet, wenn man etwas anhebt
- Kraft F entspricht der Gewichtskraft F_G
- Weg s entspricht der Hubhöhe h
- Formel: $W = F_G \cdot h$

Schauen wir uns das in einem **Beispiel** an.

weiteres Beispiel

Eine Kiste wird 70 cm angehoben. Die Masse der Kiste beträgt 10 kg. Die Erdbeschleunigung beträgt gerundet $g = 10\ \text{m/s}^2$. Wie groß ist die Hubarbeit?

Der Aufgabenstellung können wir unmittelbar die Hubhöhe $h = 70\ \text{cm} = 0{,}7\ \text{m}$ sowie die Gewichtskraft $F_G = m \cdot g = 10\ \text{kg} \cdot 10\ \text{m/s}^2 = 100\ \text{N}$ entnehmen. Diese Werte setzen wir in die Formel für die Hubarbeit ein

$$W = F_G \cdot h = 100\ \text{N} \cdot 0{,}7\ \text{m} = 70\ \text{Nm} = 70\ \text{J}$$

und erhalten mit 70 J die gesuchte Hubarbeit. Da wir die Arbeit in Joule angeben, sollte die Hubhöhe im Vorfeld in Meter umgerechnet werden.

Schauen wir uns noch ein weiteres **Beispiel** an.

Ein Wanderer, der Gewicht 80 kg wiegt, erklimmt mit seinem 7 kg schwerem Rucksack einen 200 m hohen Gipfel. Die Erdbeschleunigung beträgt 9,81 $\mathrm{m/s^2}$. Wie viel Arbeit muss er verrichten, um den Gipfel zu erreichen?

Um die Hubarbeit zu berechnen, setzen wir die gegebenen Werte in die Formel ein und erhalten:

$$W_1 = m_1 \cdot g \cdot h = 80\ \mathrm{kg} \cdot 9{,}81 \frac{\mathrm{m}}{\mathrm{s}^2} \cdot 200\ \mathrm{m} = 156.960\ \mathrm{N} \cdot \mathrm{m} = 156{,}96\ \mathrm{kJ}$$
$$W_2 = m_2 \cdot g \cdot h = 7\ \mathrm{kg} \cdot 9{,}81 \frac{\mathrm{m}}{\mathrm{s}^2} \cdot 200\ \mathrm{m} = 13.734\ \mathrm{N} \cdot \mathrm{m} = 13{,}734\ \mathrm{kJ}$$

Insgesamt muss der Wanderer auf seinem Weg zum Gipfel eine Hubarbeit von

$$W_{ges} = W_1 + W_2 \approx 170{,}7\ \mathrm{kJ}$$

verrichten.

11.1 Aufgaben

A.11.1. Ein Gussstück mit einer Gewichtskraft von 1500 N wird 2 m hoch gehoben. Bestimme die notwendige Arbeit.

A.11.2. Eine 20kg schwere Masse wird um 30 m angehoben. Die Erdbeschleunigung beträgt gerundet $g = 10\ \mathrm{m/s^2}$. Wie viel Hubarbeit wird verrichtet?

A.11.3. Welche Hubarbeit ist nötig, um vier auf der Erde liegende, 7 cm hohe und 6 kg schwere Ziegelsteine aufeinander zu stapeln?

A.11.4. Bestimme die Masse eines Ziegelsteins, wenn vier auf der Erde liegende, 7 cm hohe Ziegelsteine aufeinandergestapelt werden und eine Hubarbeit von 80 J verrichtet wird.

12 Masse und Dichte

Wenn wir einen Körper betrachten, können wir mit einer Waage die Masse des Körpers wiegen. Aber was ist eigentlich der Unterschied zwischen Masse, Gewicht und Gewichtskraft?

Masse m in [kg]

- absolute Größe
- an jedem Ort gleich (egal ob auf der Erde oder dem Mond)

Gewichtskraft F_G in [N]

- wie schwer „scheint" ein Objekt zu sein
- relative Größe, ortsabhängig! Zur Erinnerung: $F = m \cdot a$, wobei a die Fallbeschleunigung ist (auf der Erde $g = 9{,}81\,\mathrm{m/s^2}$ und auf dem Mond $g = 1{,}62\,\mathrm{m/s^2}$).

Gewicht

- Im Sprachgebrauch meistens Masse gemeint
- keine physikalische Größe, denn es gibt nur Masse oder Gewichtskraft

Alternativ kann die Masse über das Volumen und die Dichte rechnerisch ermitteln werden.

Das Wichtigste im Überblick

- Die Masse m eines Körpers oder Materials und das zugehörige Volumen V sind proportional zueinander.
- Die Dichte ρ ist der Quotient aus Masse und Volumen:

$$\rho = \frac{m}{V}$$

- Bei festen und flüssigen Stoffen ist die Einheit meist in $\mathrm{kg/dm^3}$ angegeben; bei Gasen meist in $\mathrm{kg/m^3}$.

Damit wir eine Vorstellung erhalten, wie die groß Dichte für typische Materialien ist, finden wir in der folgenden Tabelle ein paar Beispiele:

Feste und flüssige Stoffe

Stoff	Dichte in $\mathrm{kg/dm^3}$
Gold	19,3
Gusseisen	7,85
Aluminium	2,7
Wasser (bei 0°C)	1,0
Kupfer	8,9
Stahl	7,85
Titan	4,5

Gase (bei 0°C und 1,013bar)

Stoff	Dichte in $\mathrm{kg/m^3}$
Luft	1,293
Sauerstoff	1,43
Wasserstoff	0,09

Beispiel Masse berechnen

Um Aufgaben zur Dichte lösen zu können, müssen wir häufig die Gleichung nach einer Größe, die unbekannt ist, auflösen. Schauen wir uns dazu ein **Beispiel** an.

Bestimme die Masse einer 100mm langen Stange aus quadratischem Aluminium mit 50mm Kantenlänge?

Zunächst müssen wir das Volumen der Stange bestimmen:

$$V = A \cdot h = (50\mathrm{mm})^2 \cdot 100\mathrm{mm} = 250.000\mathrm{mm}^3 = 0{,}25\mathrm{dm}^3$$

Anschließend schauen wir in unserem Tabellenbuch nach der zugehörigen Dichte des angegeben Materials (hier Aluminium, also $\rho = 2{,}7\mathrm{kg/dm^3}$) und setzen alles in die Formel ein:

$$\rho = \frac{m}{V} \Leftrightarrow m = \rho \cdot V = 2{,}7\frac{\mathrm{kg}}{\mathrm{dm}^3} \cdot 0{,}25\mathrm{dm}^3 = 0{,}675\mathrm{kg}$$

12.1 Aufgabe

A.12.1. Ein Zylinderstift mit gefasten Kanten wird bei lagesicheren Verbindungen (welche nie oder kaum gelöst werden) und zum Fixieren von Teilen verwendet.

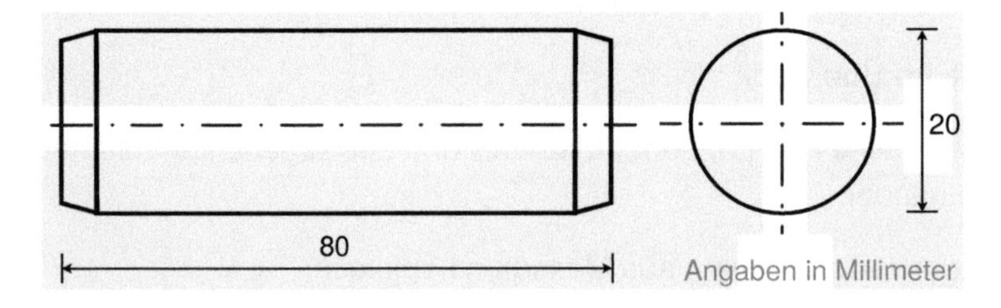

In unserem Fall liege ein Zylinderstifte $\varnothing 20 \times 80$ aus Stahl vor.

a) Bestimme das Volumen des Zylinderstifts.

b) Wie groß ist die Masse von 100 Zylinderstiften?

(Hinweis: Die Fasen können bei dieser Berechnung vernachlässigt werden.)

Lösungen

zu Terme und Gleichungen

zu A.2.1.

a) 131　　b) 0　　c) 122　　d) 120　　e) 599　　f) 5

zu A.2.2.

a) $56 \underline{+30} = 86$

b) $5.768 \underline{-5.281} = 487$

c) $32 \underline{+30} + 5 = 67$

d) $58 \underline{-50} + 16 = 24$

e) $26 + 755 \underline{-136} = 645$

f) $63 - (43 \underline{+8}) = 12$

zu A.2.3.

a) $\frac{3}{5}$

b) $\frac{1}{8}$

c) $\frac{2 \cdot 2}{3 \cdot 2} - \frac{1}{6} = \frac{4}{6} - \frac{1}{6} = \frac{3}{6} = \frac{1}{2}$

d) $\frac{5}{4} + \frac{1 \cdot 2}{2 \cdot 2} = \frac{5}{4} + \frac{2}{4} = \frac{7}{4}$

e) $\frac{7}{3} + \frac{1}{4} = \frac{7 \cdot 4}{3 \cdot 4} + \frac{1 \cdot 3}{4 \cdot 3} = \frac{28}{12} + \frac{3}{12} = \frac{31}{12}$

f) $\frac{1}{3} - \frac{1}{2} = \frac{1 \cdot 2}{3 \cdot 2} - \frac{1 \cdot 3}{2 \cdot 3} = \frac{2}{6} - \frac{3}{6} = -\frac{1}{6}$

g) $\frac{1}{8} + \frac{3}{4} = \frac{1 \cdot 3}{8 \cdot 3} + \frac{3 \cdot 6}{4 \cdot 6} = \frac{3}{24} + \frac{18}{24} = \frac{21}{24} = \frac{7}{8}$

h) $\frac{3}{7} + \frac{5}{7} + \frac{2}{21} = \frac{3 \cdot 3}{7 \cdot 3} + \frac{5 \cdot 3}{7 \cdot 3} + \frac{2}{21} = \frac{9}{21} + \frac{15}{21} + \frac{2}{21} = \frac{26}{21}$

zu A.2.4.

a) $\frac{\overset{1}{\cancel{3}}}{4} \cdot \frac{2}{\underset{1}{\cancel{3}}} = \frac{1}{4} \cdot \frac{2}{1} = \frac{2}{4} = \frac{1}{2}$

b) $\frac{\cancel{13}}{\underset{1}{\cancel{2}}} \cdot \frac{\overset{1}{\cancel{2}}}{\cancel{13}} = 1$

c) $\frac{21^{\nearrow :7}}{\underset{1}{\cancel{5}}} \cdot \frac{15^{\nearrow :5}}{\underset{1}{\cancel{7}}} = \frac{3}{1} \cdot \frac{3}{1} = 9$

d) $\frac{78^{\nearrow :13}}{63^{\nearrow :7}} \cdot \frac{14^{\nearrow :7}}{\cancel{13}} = \frac{6}{9} \cdot \frac{2}{1} = \frac{12}{9} = \frac{4}{3}$

zu A.2.5.

a) $\frac{3}{2} : \frac{2}{5} = \frac{3}{2} \cdot \frac{5}{2} = \frac{15}{4}$

b) $\frac{1}{4} : \frac{4}{5} = \frac{1}{4} \cdot \frac{5}{4} = \frac{5}{16}$

c) $\frac{3}{2} : \frac{5}{2} = \frac{3}{\underset{1}{\cancel{2}}} \cdot \frac{\overset{1}{\cancel{2}}}{5} = \frac{3}{1} \cdot \frac{1}{5} = \frac{3}{5}$

d) $\frac{48}{9} : \frac{12}{3} = \frac{48}{9} \cdot \frac{3}{12} = \frac{48^{\nearrow :12}}{9^{\nearrow :3}} \cdot \frac{\overset{1}{\cancel{3}}}{\cancel{12}} = \frac{4}{3} \cdot 1 = \frac{4}{3}$

zu A.2.6.

a) $x = 7$　　c) $x = 5$　　e) $x = 4$　　g) $x = 4$　　i) $x = 8$　　k) $x = 78$

b) $x = 6$　　d) $x = 4$　　f) $x = 3$　　h) $x = 4$　　j) $x = 6$　　l) $x = 4$

zu A.2.7.

a) $x_{1,2} = 0$

b) $x_{1,2} = 0$

c) $x_{1,2} = \pm\sqrt{2}$

d) $x_{1,2} = \pm 2$

e) $x_1 = 0 \wedge x_2 = 1{,}5$

f) $t_1 = 0 \wedge t_2 = -0{,}5$

g) $x_1 = 0{,}5 \wedge x_2 = -5{,}5$

h) $u_1 = 2{,}5 \wedge u_2 = 0{,}5$

i) $x_1 = 0{,}5 \wedge x_2 = 2{,}5$

zu Prozentrechnung

zu A.3.1. $W = G \cdot p = 110.000 \cdot 0{,}56 = 61.600$

zu A.3.2. $G = \frac{W}{p} = \frac{270}{0{,}4} = \frac{270}{\frac{4}{10}} = \frac{270 \cdot 10}{4} = 675$

zu Kräfte berechnen

zu A.4.1.

a) $F_G = 0{,}45\text{kg} \cdot 9{,}81\text{m/s}^2 \approx 4{,}41\text{N}$

b) $F_G = 0{,}45\text{kg} \cdot 1{,}62\text{m/s}^2 \approx 0{,}73\text{N}$

c) $F_G = 0{,}45\text{kg} \cdot 3{,}69\text{m/s}^2 \approx 1{,}66\text{N}$

zu Satzgruppe des Pythagoras

zu A.5.1.

a) Es gilt nach Pythagoras

$$c^2 = a^2 + b^2 = 3^2 + 3^2 = 18 \quad \Rightarrow c = \sqrt{18} = 3\sqrt{2} \approx 4{,}24$$

Die Hypotenuse ist $c \approx 4{,}24$ cm lang.

b) Es gilt nach Pythagoras

$$a^2 + b^2 = c^2 \quad \Rightarrow b^2 = c^2 - a^2 = 64 - 36 = 28 \quad \Rightarrow b = \sqrt{28} = 2\sqrt{7} \approx 5{,}29$$

Die fehlende Kathete ist somit etwa $b \approx 5{,}29$ m lang.

zu A.5.2. Der Höhensatz besagt:

$$h^2 = p \cdot q = 9 \cdot 4 = 36 \quad \Rightarrow h = \sqrt{36} = 6$$

Nun bestimmen wir die Seiten a und b. Nach Pythagoras wissen wir, dass folgendes gilt:

$$b^2 = h^2 + p^2 = 6^2 + 9^2 = 36 + 81 = 117 \quad \Rightarrow b = \sqrt{117} \approx 10{,}82$$

$$a^2 = h^2 + q^2 = 6^2 + 4^2 = 36 + 16 = 50 \quad \Rightarrow a = \sqrt{50} \approx 7{,}07$$

zu A.5.3. Nach dem Kathetensatz gilt:

$$a^2 = c \cdot p = 4 \cdot 3 = 12 \quad \Rightarrow \quad a = \sqrt{12} \approx 3{,}46$$

$$b^2 = c \cdot q = 4 \cdot 1 = 4 \quad \Rightarrow \quad b = \sqrt{4} = 2$$

zu Trigonometrische Funktionen

zu A.6.1.

a)

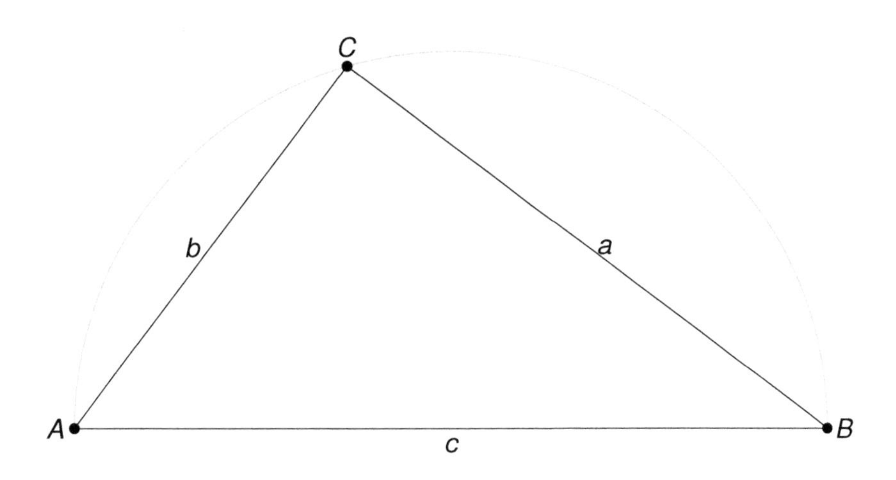

b)

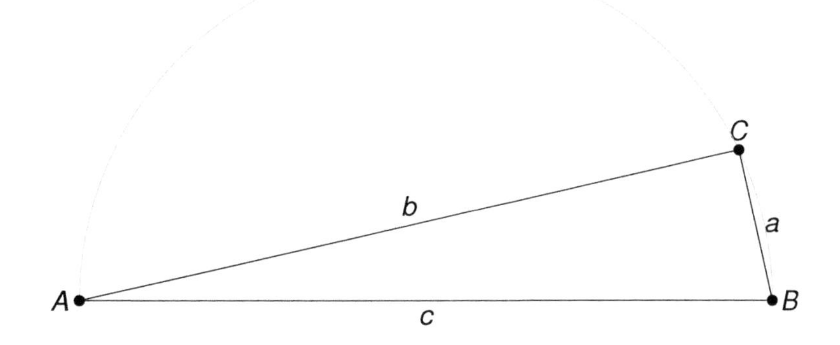

c)

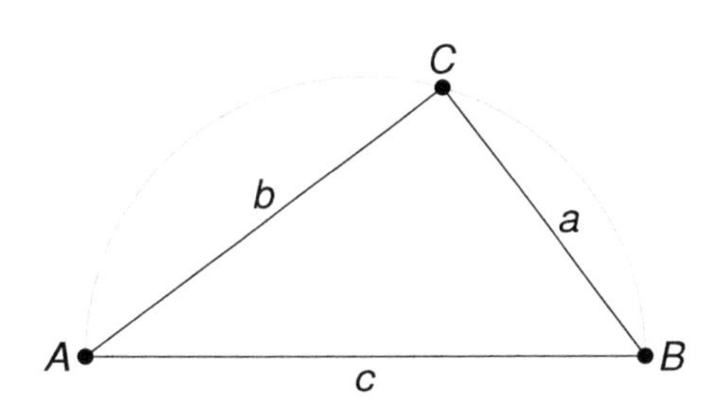

zu A.6.2.

a) mit $b \approx 4{,}583$ cm folgt:

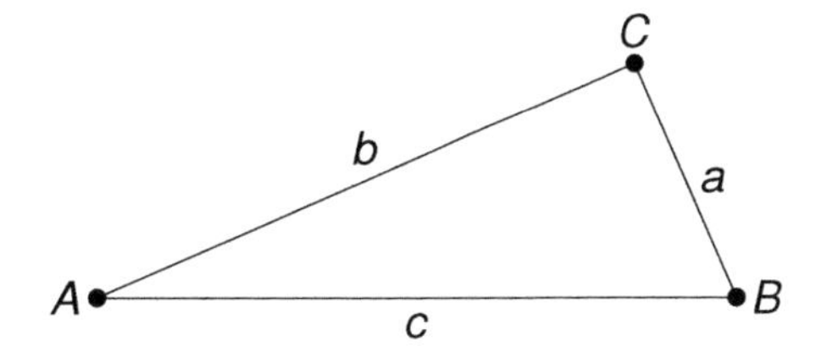

b) mit $a \approx 12{,}124$ cm folgt:

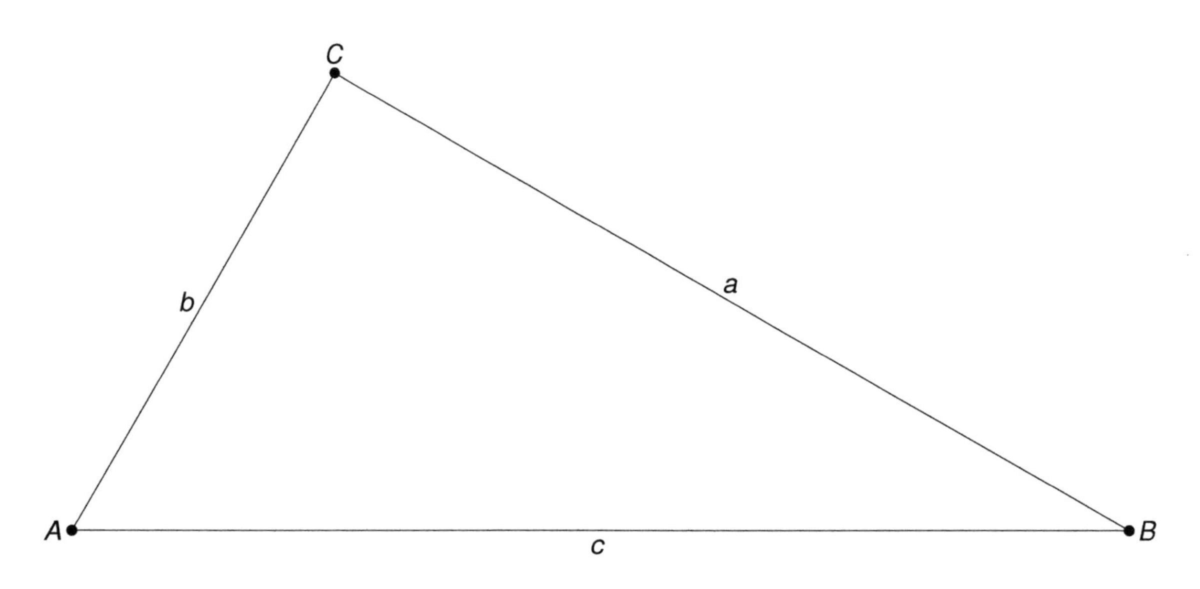

c) mit $a \approx 7{,}416$ cm folgt:

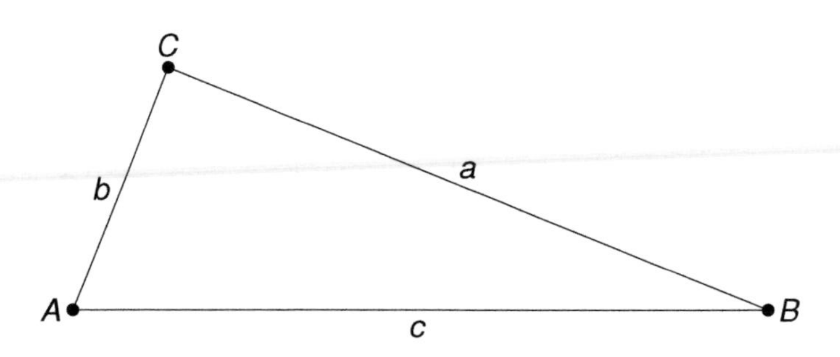

zu A.6.3. Beachte, dass bei d) und f) der Winkel β gegeben ist und sich Gegen- und Ankathete somit vertauschen.

a) $a = 7 \cdot \tan(40°) \approx 5{,}87\text{cm}$

$c = \frac{7}{\cos(40°)} \approx 9{,}14\text{cm}$

b) $b = \frac{4}{\tan(25°)} \approx 8{,}56\text{cm}$

$c = \frac{4}{\sin(25°)} \approx 9{,}46\text{cm}$

c) $a = 14 \cdot \sin(63°) \approx 12{,}47\text{cm}$

$b = 14 \cdot \cos(63°) \approx 6{,}36\text{cm}$

d) $a = \frac{9}{\tan(36°)} \approx 12{,}39\text{cm}$

$c = \frac{9}{\sin(36°)} \approx 15{,}31\text{cm}$

e) $a = 23 \cdot \sin(23°) \approx 8{,}99\text{cm}$

$b = 23 \cdot \cos(23°) \approx 21{,}17\text{cm}$

f) $a = 4 \cdot \tan(72°) \approx 12{,}31\text{cm}$

$b = \frac{4}{\cos(72°)} \approx 12{,}94\text{cm}$

zu A.6.4. Die Höhe des Dreiecks beträgt $h = 5 \cdot \sin(45°) \approx 3{,}54$ cm.

zu A.6.5. Zunächst machen wir uns eine Skizze und unterteilen die Figur sinnvoll in Teilfiguren.

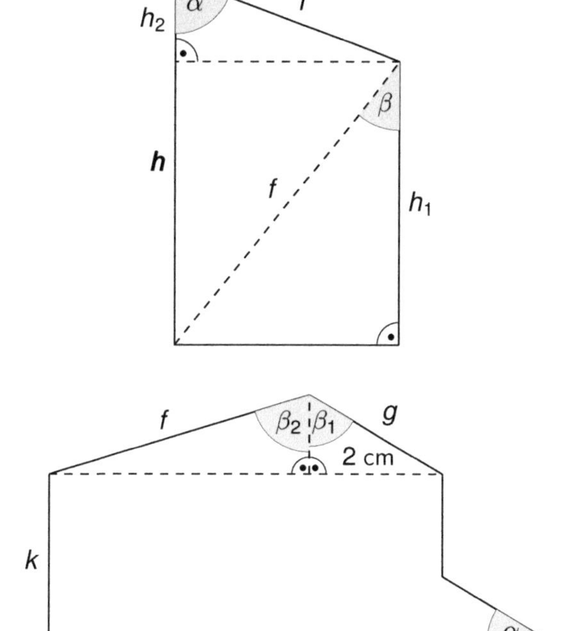

Um die Höhe h zu bestimmen, berechnen wir zunächst die Höhe h_1 (Ankathete beim Winkel β) und erhalten $\cos(\beta) = h_1/f \Rightarrow h_1 = 25 \cdot \cos(36{,}87°) \approx 20$ cm. Anschließend bestimmen wir die Ankathete h_2 beim Winkel α und erhalten $\cos(\alpha) = h_2/i \Rightarrow h_2 = 16{,}31 \cdot \cos(66{,}84°) \approx 6{,}41$ cm.

Die gesuchte Höhe beträgt:
$h = h_1 + h_2 = 20 \text{ cm} + 6{,}41 \text{ cm} = 26{,}41 \text{ cm}$

zu A.6.6. Wir ergänzen unsere Figur um die gestrichelten Linien und teilen den Winkel β in β_1 und β_2 auf. Es gilt hierbei: $\beta = \beta_1 + \beta_2$.

Zunächst bestimmen wir den Winkel β_1 über $\beta_1 = \sin^{-1}(2/2{,}24) \approx 63{,}23°$. Anschließend können wir die Höhe des Dreiecks berechnen: $h = 2{,}24 \cdot \cos(63{,}23°) \approx 1{,}01$ cm.

Der zweite Teilwinkel von β lautet $\beta_2 = \cos^{-1}(1{,}01/3{,}16) \approx 71{,}37°$. Dadurch ergibt sich für den gesamten Winkel $\beta = 63{,}23° + 71{,}37° = 135°$.

Der fehlende Winkel im oberen rechten rechtwinkligen Dreieck (mit Winkel β_1) ist der Winkel α (Stichwort: Stufenwinkel - oder berechnen über Innen-Winkelsumme). Dadurch ergibt sich die letzte gesuchte Größe: $\tan(\alpha) = 1{,}01/2 \Rightarrow \alpha = \tan^{-1}(1{,}01/2) \approx 26{,}8°$.

zu A.6.7. Wir machen uns zunächst eine Skizze und bestimmen anschließend den gesuchten Winkel.

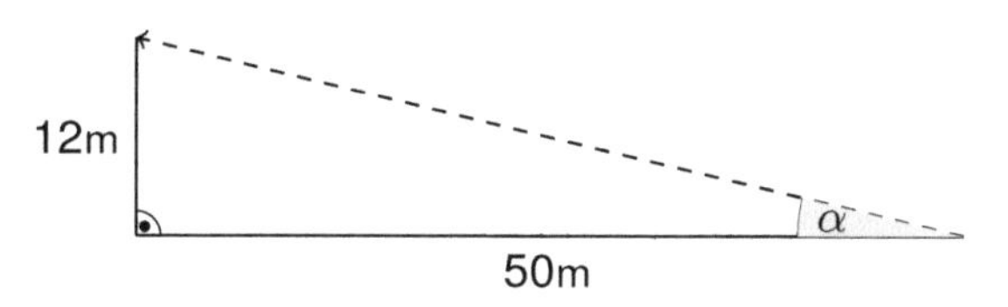

Uwe schwimmt in einem Winkel von

$$\tan(\alpha) = \frac{12}{50} \Rightarrow \alpha = \tan^{-1}\left(\frac{12}{15}\right) \approx 13{,}5°.$$

zu Ohmsches Gesetz

zu A.7.1.

a) $R = \frac{U}{I} = \frac{230V}{0,5A} = 460A$

b) $U = R \cdot I = 1000\Omega \cdot 0,2A = 200V$

c) $I = \frac{U}{R} = \frac{U=42V}{200\Omega} = 0,21A = 210mA$

zu A.7.2. a) Richtig b) Falsch c) Richtig

zu Flächenberechnungen

zu A.8.1.

a) $A = a \cdot h = 6 \cdot 3 = 18$

b) Der Flächeninhalt des Dreiecks berechnet sich mit der Formel:

$$A = \frac{a \cdot h}{2} = \frac{16}{2} = 8$$

Der Satz des Pythagoras liefert:

$$c^2 = \frac{a}{2}^2 + h^2 = 2^2 + 4^2 = 4 + 16 = 20 \Rightarrow c = \sqrt{20}$$

Somit erhalten wir die Länge der gleichlangen fehlenden Seiten. Der Umfang beträgt:

$$u = a + c + c = 4 + 2 \cdot \sqrt{20} \approx 12,94$$

c) Es gilt $a^2 + b^2 = c^2$ nach Pythagoras. Also auch $b^2 = c^2 - a^2$. Somit folgt:

$$b^2 = 5^2 - 3^2 = 25 - 9 = 16 \Rightarrow b = \sqrt{16} = 4$$

d) $A = \frac{a+c}{2} \cdot h = \frac{8+2}{2} \cdot 7 = 5 \cdot 7 = 35$

e) Formel:

$$A = a \cdot b \Leftrightarrow b = \frac{A}{a} = \frac{27}{9}$$

f) Die Fläche des Hauses setzt sich zusammen aus der Rumpffläche und der Dachfläche des Hauses.

$$A = A_{Rumpf} + A_{Dach} = 6 \cdot 6 + \frac{6 \cdot 6}{2} = 36 + 18 = 54$$

Die Länge der Dachschräge berechnen wir mit Hilfe des Satzes von Pythagoras. Es gilt:

$$b^2 = \frac{a}{2}^2 + h^2 = 3^2 + 6^2 = 9 + 36 = 45 \Rightarrow b = \sqrt{45} \approx 6,71$$

zu A.8.2.

a) Gegeben: $r = 10$, $\alpha = 30° = \frac{360°}{12}$. Der Kreisbogen b berechnet sich mit der Formel:

$$b = \frac{30°}{180°} \cdot \pi \cdot r = \frac{1}{6} \cdot \pi \cdot 10 = \frac{5}{3}\pi$$

Somit beträgt der Umfang eines Tortenstücks:

$$u = 2r + b = 20 + \frac{5}{3}\pi \approx 25{,}24$$

b) Der Flächeninhalt der grauen Fläche lässt sich schreiben als:

$$\begin{aligned} A = A_{\text{äußerer Kreis}} - A_{\text{innerer Kreis}} &= \pi \cdot r_2^2 - \pi \cdot r_1^2 = \pi \cdot (4^2 - 2^2) \\ &= \pi \cdot (16 - 4) = 12\pi \approx 37{,}7 \end{aligned}$$

c) Die gesuchte Fläche ist die Fläche des Quadrats ohne die Fläche des inneren Kreises. Somit gilt:

$$A = A_{\text{Quadrat}} - A_{\text{Kreis}} = a^2 - \pi r^2 = 2^2 - \pi 1^2 = 4 - \pi \approx 0{,}86$$

zu Formeln anwenden

zu A.9.1.

a) Wir wissen, dass die Fixkosten pro Monat bei 3.700 Euro liegen. Daraus folgt für die Fixkosten pro Jahr $12 \cdot 3.700 = 44.400$ Euro. Die variablen Kosten pro Flasche liegen bei $0{,}06 + 0{,}08 + 0{,}12 = 0{,}26$ Euro.

Daraus ergibt sich als monatliche Kostenfunktion $K_m = 0{,}26 \cdot x + 3.700$ [in Euro] bzw. jährliche Kostenfunktion $K_j = 0{,}26 \cdot x + 44.400$ [in Euro].

b) Der Umsatz ist der Verkaufspreis mal die Anzahl der verkauften Flaschen. In unserem Fall $U = 2{,}5 \cdot x$ [in Euro].

c) Für die Berechnung des Gewinns müssen wir alle Kosten von unseren Umsätzen abziehen. Daraus folgt für die monatliche Gewinnfunktion $G_m = U - K_m = 2{,}5 \cdot x - (0{,}26 \cdot x + 3.700) = 2{,}24 \cdot x - 3.700$ [in Euro] bzw. die jährliche Gewinnfunktion $G_j = U - K_j = 2{,}5 \cdot x - (0{,}26 \cdot x + 44.400) = 2{,}24 \cdot x - 44.400$ [in Euro].

d) Um herauszufinden, ab wann Peter Gewinn macht, müssen wir die Nullstellen der Gewinnfunktion bestimmen. Für den monatlichen Mindestverkauf gilt:

$$0 = 2{,}24 \cdot x - 3.700 \Leftrightarrow x \approx 1.651{,}79$$

Antwort: Peter muss monatlich mindestens 1.652 Flaschen verkaufen, um Gewinn zu machen.

Für den jährlichen Mindestverkauf gilt:

$$0 = 2{,}24 \cdot x - 44.400 \Leftrightarrow x \approx 19.821{,}43$$

Antwort: Peter muss jährlich mindestens 19.822 Flaschen verkaufen, um Gewinn zu machen.

zu A.9.2.

a) Die Kostenfunktion für die Taxifahrt in Abhängigkeit der Zeit lautet

$$K_{\text{min}}(t) = \frac{0{,}95}{\text{min}} \cdot t + 4 \text{ [in Euro]}$$

mit t als Zeitangabe in Minuten bzw. in Abhängigkeit der gefahrenen Kilometer

$$K_{\text{km}}(d) = \frac{1{,}1}{\text{km}} \cdot d + 4 \text{ [in Euro]}$$

mit d als gefahrene Strecke in Kilometer.

b) Da sich Jasmin für die Kilometervariante entschieden hat, zahlt sie für die Taxifahrt $K_{\text{km}}(12\text{ km}) = 17{,}2$ Euro.

c) Wenn Jasmin die Variante in Abhängigkeit der Zeit gewählt hätte, hätte sie $K_{\text{min}}(15\text{ min}) = 18{,}25$ Euro bezahlen müssen. Da das die teurere Alternative gewesen wäre, hat sich sich richtig für die günstigere Kilometervariante entschieden.

zu Körperberechnung

zu A.10.1.

a) Wir berechnen zunächst die Grundfläche des Prisma:

$$G = a \cdot b = 3 \cdot 4 = 12$$

Nun können wir das Volumen mit Hilfe der Volumenformel bestimmen.

$$V = G \cdot h = 12 \cdot 7 = 84$$

Für die Oberfläche benötigen wir noch die Mantelfläche des Prismas.

$$M = 2 \cdot (a \cdot h) + 2 \cdot (b \cdot h) = 2 \cdot (3 \cdot 7) + 2 \cdot (4 \cdot 7) = 2 \cdot 21 + 2 \cdot 28 = 42 + 56 = 98$$

Somit erhalten wir für die Oberfläche:

$$O = 2G + M = 24 + 98 = 122$$

Wir haben also ein Volumen von 84 cm^3 und eine Oberfläche von 122 cm^2.

b) Grundfläche: $G = a^2 = 5^2 = 25$

Volumen: $V = G \cdot h = 25 \cdot 6 = 150$

Mantelfläche: $M = 4 \cdot (a \cdot h) = 4 \cdot (5 \cdot 6) = 4 \cdot 30 = 120$

Oberfläche: $O = 2G + M = 2 \cdot 25 + 120 = 170$

zu A.10.2.

a) Grundfläche: $G = \frac{g \cdot h_1}{2} = \frac{2 \cdot 4}{2} = 4$

Volumen: $V = \frac{1}{3} \cdot G \cdot h = \frac{1}{3} \cdot 4 \cdot 6 = 8$

b) Grundfläche: $G = a^2 = 6^2 = 36$

Volumen: $V = \frac{1}{3} \cdot G \cdot h = \frac{1}{3} \cdot 36 \cdot 3 = 36$

Mantelfläche: Vier gleichschenklige Dreiecke mit Grundseite $a = 6$ cm. Finde zuerst die Höhe des Dreiecks mit Hilfe von Pythagoras heraus.

$$h_{\text{Dreieck}}^2 = \left(\frac{a}{2}\right)^2 + h^2 = 3^2 + 3^2 = 18 \quad \Rightarrow \quad h_{\text{Dreieck}} = \sqrt{18}$$

Somit ist die Dreiecksfläche: $A_{\text{Dreieck}} = \frac{a \cdot h_{\text{Dreieck}}}{2} = \frac{6 \cdot \sqrt{18}}{2} = 3\sqrt{18}$

Somit erhalten wir für die Mantelfläche: $M = 4 \cdot A_{\text{Dreieck}} = 4 \cdot 3\sqrt{18} = 12\sqrt{18}$

Oberfläche: $O = 2G + M = 72 + 12\sqrt{18} \approx 122{,}91$

zu A.10.3.

a) Grundfläche: $G = \pi r^2 = \pi \cdot \left(\frac{d}{2}\right)^2 = \pi \cdot 4{,}5^2 = 20{,}25\pi$

Volumen: $V = G \cdot h = 20{,}25\pi \cdot 8 = 162\pi \approx 508{,}94$

Umfang des Kreises: $u = \pi \cdot d = 9\pi$

Mantel: $M = u \cdot h = 9\pi \cdot 8 = 72\pi$

Oberfläche: $O = 2G + M = 40{,}5\pi + 72\pi = 112{,}5\pi \approx 353{,}43$

b) Grundfläche: $G = \pi r^2 = 25\pi$

Volumen: $V = G \cdot h = 25\pi \cdot 7{,}5 = 187{,}5\pi \approx 589{,}05$

Umfang des Kreises: $u = 2\pi r = 10\pi$

Mantel: $M = u \cdot h = 75\pi$

Oberfläche: $O = 2G + M = 50\pi + 75\pi = 125\pi \approx 392{,}7$

zu A.10.4.

a) Grundfläche: $G = \pi r^2 = 9\pi$

Volumen: $V = \frac{1}{3} \cdot G \cdot h = \frac{1}{3} \cdot 9\pi \cdot 4 = 12\pi \approx 37{,}7$

b) Grundfläche: $G = \pi \cdot \left(\frac{d}{2}\right)^2 = 25\pi$

Volumen: $V = \frac{1}{3} \cdot G \cdot h = \frac{1}{3} \cdot 25\pi \cdot 9{,}6 = 25\pi \cdot 3{,}2 = 80\pi \approx 251{,}33$

zu Hubarbeit

zu A.11.1. $W = 1500\text{N} \cdot 2\text{m} = 3000\text{J}$

zu A.11.2. $W = m \cdot g \cdot h = 20\text{kg} \cdot 10\text{m/s}^2 \cdot 30\text{m} = 6000\text{J}$

zu A.11.3. Zunächst machen wir uns eine kleine Skizze. Es liegen 4 Ziegelsteine vor, die aufeinander gestapelt werden sollen.

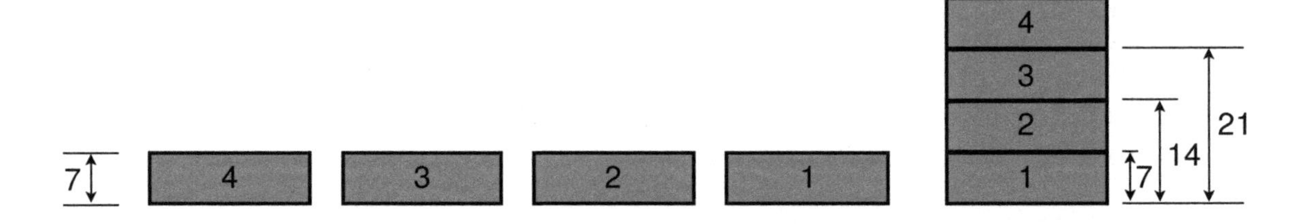

Damit die Hubarbeit bestimmt werden kann, benötigen wir die Gewichtskraft des Ziegelsteins, also $F_G = 6\text{kg} \cdot 9{,}81\text{m/s}^2 = 58{,}86\text{N}$ und die Hubhöhe h. Da wir 4 Ziegelsteine stapeln sollen, benötigen wir 4 unterschiedliche Hubhöhen. Es folgt:

$$\begin{aligned} W &= F_G \cdot h_1 + F_G \cdot h_2 + F_G \cdot h_3 + F_G \cdot h_4 \\ &= F_G \cdot (h_1 + h_2 + h_3 + h_4) \end{aligned}$$

Der Abbildung können wir entnehmen, das Ziegel 1 nicht angehoben werden muss, da er auf dem Boden liegt ($h_1 = 0$). Ziegel 2 muss $h_2 = 7\text{cm} = 0{,}07\text{m}$ angehoben werden, um ihn auf Ziegel 1 legen zu können. Ziegel 3 muss $h_3 = 14\text{cm} = 0{,}14\text{m}$ angehoben werden, um ihn auf Ziegel 2 legen zu können und Ziegel 4 muss $h_4 = 21\text{cm} = 0{,}21\text{m}$ angehoben werden, um ihn auf Ziegel 3 legen zu können. Die Hubarbeit beträgt also

$$W = 58{,}86\text{N} \cdot (0\text{m} + 0{,}07\text{m} + 0{,}14\text{m} + 0{,}21\text{m}) \approx 24{,}72\text{J}$$

zu A.11.4. Diese Aufgabe ist genau wie Aufgabe A.11.3. zu behandeln. Wieder werden 4 Ziegelsteine gestapelt und die Höhe der Steine ist ebenfalls gleich. Allerdings ist hier nicht nach der verrichteten Hubarbeit, sondern nach der Masse eines Ziegelsteins gefragt. Gegeben ist $W = 80\text{J} = 80\text{Nm}$ und $h = 7\text{cm}$. Daraus folgt mit den h_i aus der vorherigen Aufgabe:

$$\begin{aligned} W = m \cdot g \cdot (h_1 + h_2 + h_3 + h_4) \Leftrightarrow m &= \frac{W}{g \cdot (h_1 + h_2 + h_3 + h_4)} \\ &= \frac{80\text{Nm}}{9{,}81\text{m/s}^2 \cdot (0\text{m} + 0{,}07\text{m} + 0{,}14\text{m} + 0{,}21\text{m})} \approx 19{,}42\text{kg} \end{aligned}$$

zu Masse und Dichte

zu A.12.1. Da wir die Fasen bei der Berechnung vernachlässigen können, betrachten wir den Zylinderstift als reinen Zylinder.

a) Mit den uns bekannten Formeln zur Volumenberechnung sowie den gegebenen Werten $r = 10\text{mm}$ und $h = 80\text{mm}$ folgt für den Zylinder:

$$V = G \cdot h = \pi \cdot r^2 \cdot h = \pi \cdot 10^2 \cdot 80 \approx 25132{,}74\text{mm}^3$$

b) Da die Stifte aus Stahl sind, beträgt die Dichte $\rho = 7{,}85\text{kg/dm}^3$. Daraus folgt für die gesuchte Masse:

$$\begin{aligned} m = \rho \cdot V &= 7{,}85\text{kg/dm}^3 \cdot 25132{,}74\text{mm}^3 \\ &= 7{,}85\text{kg/dm}^3 \cdot 0{,}025\text{dm}^3 \approx 0{,}2\text{kg} \end{aligned}$$